应用复变函数与积分变换

（第三版）

主　编　郭文静　张　宁　吕林燕　王巧芝

副主编　马芳芳　王鲁新　张相虎　郭秀荣

主　审　王以忠　王　娟

中国矿业大学出版社

· 徐州 ·

内 容 简 介

应用复变函数与积分变换是机电、建筑、计算机和物理学等相关专业的一门重要基础课程，它既是学生学习后续专业课的基础，又是他们将来从事专业技术工作的重要基础和工具。本书是为适应培养创新型与应用型本科人才和教学改革的需要，为适应科技和工程技术人员对积分变换的需要而编写的，其内容与结构新颖，注重直观性、实用性和创新性，深入浅出，简洁易读。

本书介绍了复变函数与积分变换的基本理论和方法。全书共分八章，主要内容包括复数和复平面，复变函数，解析函数，复变函数的积分，傅立叶变换，拉普拉斯变换，解析函数的级数表示，留数及其应用，等等。

本书既可作为工科和理科相关专业的教材，也可作为相关工程技术人员的参考书。

图书在版编目(CIP)数据

应用复变函数与积分变换 / 郭文静等主编. —3 版
. — 徐州 ：中国矿业大学出版社，2023.9
ISBN 978 - 7 - 5646 - 5849 - 6

Ⅰ. ①应… Ⅱ. ①郭… Ⅲ. ①复变函数②积分变换
Ⅳ. ①O174.5②O177.6

中国图家版本馆 CIP 数据核字(2023)第 101477 号

书　　名　应用复变函数与积分变换
主　　编　郭文静　张　宁　吕林燕　王巧芝
责任编辑　潘俊成
出版发行　中国矿业大学出版社有限责任公司
（江苏省徐州市解放南路　邮编 221008）
营销热线　(0516)83885370　83884103
出版服务　(0516)83995789　83884920
网　　址　http://www.cumtp.com　**E-mail**：cumtpvip@cumtp.com
印　　刷　江苏淮阴新华印务有限公司
开　　本　787 mm×1092 mm　1/16　**印张** 11.75　**字数** 230 千字
版次印次　2023 年 9 月第 3 版　2023 年 9 月第 1 次印刷
定　　价　30.00 元

第三版前言

本书第二版自2018年出版以来，在四年的使用过程中，得到了广大读者和任课教师的认可，书中工程应用部分是本书的特色，在一定程度上满足了高等教育改革对创新型和应用型本科人才培养的教学需要.编者在教学研究过程中产生了一个新的想法：将数学软件MATLAB融入日常教学中，这对培养学生的科学计算能力和数学应用能力是非常有利的，同时编者发现第二版在内容安排上还存在些许的问题和不足，因此在原有教材主体内容和框架的基础上，我们对教材进行了以下修订：

1.根据实际教学需要和使用本书的读者提出的宝贵意见，把附录1《复数》调整为第1章，这一部分内容是后续讨论的基础，放在第1章介绍对于学生由实分析向复分析过渡是大有裨益的.

2.为了适应教学改革与发展的要求，同时实现信息技术与教育教学的深度融合，本书在部分章节中增设了MATLAB实验内容，介绍了使用MATLAB实现复变函数与积分变换中的各种运算，配置了MATLAB代码，供读者上机实验学习参考，使读者了解科学计算问题的方法，为下一步学习和实践后续专业课程打下较好的基础.

本教材的编写得到了山东科技大学有关领导和同事的大力支持和帮助，同时也参考了很多优秀的教材，在此表示感谢.对于曾使用该教材第一版和第二版的各位教师和读者也表示衷心的感谢！编者水平有限，书中不妥之处恳请专家和广大读者批评指正.

编　者

2023年7月

第二版前言

本书是在《应用复变函数与积分变换》(中国矿业大学出版社 2014 年出版)的基础上,经过广泛调研、认真听取各方的意见和建议的情况下修订而成的.可作为高等学校机电工程、自动化、计算机、机械制造和矿业工程等专业的教材,也可作为相关工程技术人员的参考书.

第一版教材具有直观性强,突出应用,注重学生创新能力以及数学素养的培养,课程体系合理等特点.从第一版教材使用反馈的结果看,总体还是良好的,大家都给予了充分的肯定和较高的评价,当然也提出了一些宝贵的意见和建议.编者认真研究了这些意见和建议,并结合本门课程教学的实际需要,对该书作了进一步的修订,总体框架与内容未做大的改动,但一些环节和细节的修改使该书更加趋于成熟,这对提高教学质量不无裨益.

书中的一些工程应用部分可根据学时情况选讲或略去,但鼓励同学们自学这些内容,因为,自行研究这些内容可以帮助提高理论联系实际的能力以及将知识转化为现实生产力的能力,实际上,这是极其重要的,应该引起大家的重视.

对于曾使用该书第一版的各位教师和读者表示衷心的感谢!并欢迎继续提出您的宝贵意见和建议,诚恳地欢迎广大读者批评指正.

编　者

2018 年 5 月

第一版前言

复变函数与积分变换是机电工程、计算机及物理学等相关专业的一门重要基础课程，它既是学生学习后续专业课的基础，又是他们将来从事专业技术工作的重要基础和工具.它是学生合理知识体系中的重要环节，同时在培养学生的发现问题能力、思辨能力、解决问题能力、将知识转化为现实生产力的能力和创新能力以及在数学素质教育等方面都起着非常重要的作用.

《应用复变函数与积分变换》一书是为了适应创新型与应用型本科人才培养和教学改革的需要，在作者参阅了大量国内外有代表性的文献资料和教学实践的基础上，按照工科数学《复变函数与积分变换教学大纲》的要求编写而成的.本书面向工科及理科学生，对教学内容和课程体系进行了大幅调整，增加了部分工程应用实例，不追求理论的系统性和完整性，注重直观性、实用性和创新性，深入浅出，简洁易读.具体说来具有如下特点：

一、直观性强

目前学生普遍反映本门课程抽象、难学，譬如一开始讲到的复变函数概念，就让学生感到很虚无.本书则在讲述了复变函数概念之后，紧接着就介绍在流体力学或电学等领域中的平面定常向量场.给定向量场（如平稳流动的江水的流速场）：$\boldsymbol{a}=a_x(x,y)\boldsymbol{i}+a_y(x,y)\boldsymbol{j}$，如果把单位向量 $\boldsymbol{i},\boldsymbol{j}$ 换成虚单位 i 便得到复变函数 $w=a_x(x,y)+a_y(x,y)\mathrm{i}$，这样学生也就不再对此感到陌生与抽象.而传统教材中把平面向量场放在复变函数课程体系的最后面来介绍则效果不佳.再如，在导数概念之后马上介绍其几何意义，其余像积分概念及解析函数等重要内容我们都采用了上述类似的处理，加强了知识的直观性.

二、突出应用特点，注重创新能力以及数学素养的培养

本书的应用实例和直观性例子较多，它们都是与其相应的理论知识在体系上紧密相连的，都是前面所学知识的具体反映.研究这些问题时，教师不必把意义强加给学生,可以让他们自己建构意义.教师只要注意引导学生自己去发现并界定问题,提出解决方案,查找问题并改进解决方案.我们知道,科学的本质是它的疑难、问题、功能或者目的,而不在于它的研究对象、各种软硬件和方法,教学中应引导学生弄清楚科学与科学方法两者之间的区别.方法论固然重要,实际上只有科学的目标或目的才使方法论显示出重要性和合理性,我们要关心方法问题,但前提应该是它们能够帮助我们达到预期的目标,也就是要解决问题.实际上技术是服务于解决问题的,决不能使问题适合于自己的技术.学生在自己探究问题的过程中就会慢慢领悟到:领域的划分往往不是由关于客观世界的一个根本问题来划定的,而是由学科的发展和技术的局限来决定的.这样学生也许会把本课程当作他们的专业课来学,如此,就会激发他们学习的积极性.学生在教师的指导下自行探究问题的过程当中,他们的创新能力与数学素养也自然会得到提高.

三、课程体系合理

本书与传统教材相比,在内容体系上有很大的不同.把复数及平面点集放到了附录中,这一部分内容,学生过去都接触过,并不陌生.一些重要概念的几何解释或物理解释直接放在相应概念的后面,如传统教材都把导数的几何意义放到保形映照中讲,本书则是在导数概念之后马上介绍其几何意义;在解析函数之后直接介绍复势.初等复变函数既是教学重点也是难点,我们在第一章讲解初等函数的基本概念和性质,在第二章进一步去研究它们的解析性,这样既分散了难点,同时也是一个循序渐进的过程,对于培养学生思维的深刻性不无裨益.本课程应该先于专业课程之前开设,然而由于各种各样的原因,不少学校是在同一学期同时开设一些专业课和复变函数与积分变换课程的,这样积分变换部分就会影响到专业课的教学.为了更好地与专业课衔接,本书把积分变换放在了第四章、第五章,而在第七章的留数之后再进一步予以介绍,同样也是既分散了难点,又不影响专业课教学,一举两得,我们的教学实践也佐证了这种处理方法的可行性与合理性.

总之,本书选材精炼,内容与结构新颖,创新性强,推理简明,直观性与应用性强,且循序渐进,通俗易读.本书由王以忠(山东科技大学)、吕林燕(济南大学)、张相虎(山东科技大学)和刘照军(泰山医学院)担任主编,王鲁新(山东科技大学)、郭文静(山东科技大学)、赵丹(沈阳工程学院)、马芳芳(山东科技大学)和汪卫忠(山东科技大学)任副主编。全书共分7章,刘照军、马芳芳编写了第一章,王鲁新编写了第二章,王鲁新、赵丹编写了第三章,王以忠编写了第四章,吕林燕、王以忠编写了第五章,张相虎、汪卫忠编写了第六章和附录部分,郭文静编写了第七章.全书由吕林燕、王以忠统稿.吕林燕、王鲁新、郭文静和张相虎制作了课件。杨德运教授担任主审,对本书的总体结构和内容构成进行了全面审阅,提出了许多宝贵的意见和建议,在此对杨德运院长表示衷心的感谢.

本书是山东科技大学、济南大学、泰山医学院和沈阳工程学院等院校的老师精诚合作的结果,在编写过程中得到了济南大学和山东科技大学相关部门和领导的大力支持,济南大学数学科学学院的管延勇院长、杨殿武主任给予了热情的帮助,并提出了许多宝贵的意见和建议,在此一并表示真诚的感谢.

作者水平所限,书中不妥之处敬请广大师友和读者批评指正.

作　者
2014年5月

目　录

第 1 章　复数和复平面 …… 1
§1.1　复数 …… 1
§1.2　复数的乘幂与方根 …… 10
§1.3　平面点集 …… 12
习题一 …… 15

第 2 章　复变函数与极限 …… 17
§2.1　复变函数 …… 17
§2.2　初等函数 …… 20
§2.3　复变函数的极限与连续性 …… 25
习题二 …… 28

第 3 章　解析函数 …… 30
§3.1　复变函数的导数 …… 30
§3.2　解析函数 …… 34
§3.3　调和函数 …… 37
习题三 …… 44

第 4 章　复变函数的积分 …… 47
§4.1　复积分的概念 …… 47
§4.2　柯西积分定理 …… 53
§4.3　柯西积分公式 …… 60
§4.4　解析函数的高阶导数 …… 64
§4.5　复积分的应用 …… 67
习题四 …… 69

第 5 章　傅立叶变换 …… 73
§5.1　傅立叶积分 …… 73
§5.2　单位脉冲函数 …… 79
§5.3　傅氏变换的性质 …… 82
§5.4　傅氏变换在轨道结构动力分析中的应用 …… 87
习题五 …… 88

第 6 章　拉普拉斯变换 …… 91
§6.1　拉普拉斯变换的定义 …… 91
§6.2　拉氏变换的性质 …… 93
§6.3　拉氏逆变换 …… 100
§6.4　拉氏变换的应用 …… 102
习题六 …… 106

第 7 章　级数 …… 109
§7.1　收敛序列与收敛级数 …… 109
§7.2　幂级数 …… 113
§7.3　泰勒级数 …… 118
§7.4　罗朗级数 …… 124
习题七 …… 131

第八章　留数及其应用 …… 135
§8.1　解析函数的孤立奇点 …… 135
§8.2　留数 …… 142
§8.3　留数的应用 …… 150
习题八 …… 160

附录 1　傅式变换简表 …… 162

附录 2　拉氏变换简表 …… 165

部分习题答案 …… 169

参考文献 …… 176

第 1 章　复数和复平面

相应于中学中学习的实数,本章我们将给出复数的基本概念、复数的四则运算、复数的三角表示、平面点集的一般概念及其复数表示.复数的概念、四则运算以及三角表示在中学中已经涉及,但作为复变函数的重要组成部分,我们仍从头开始.由于复数的全体可以与平面上的点建立一一对应关系,所以平面点集以后会经常用到.这里仅仅介绍平面点集的一般概念,学习将某些简单的平面点集用含复变量的等式或不等式来表示的方法.

§1.1　复　　数

1.1.1　复数及其代数运算

(1) 复数的概念

形如 $z=x+\mathrm{i}y$ 的数,称为复数,其中 i 称为虚数单位,规定 i 是方程 $x^2+1=0$ 的一个根,即 $\mathrm{i}^2=-1$;x 与 y 为任意实数,分别称为复数 $z=x+\mathrm{i}y$ 的实部与虚部.记为

$$x=\mathrm{Re}(z),y=\mathrm{Im}(z).$$

虚部为零的复数可看成实数.

虚部不为零的复数称为虚数.

实部为零,虚部不为零的复数称为纯虚数.

两个复数相等,当且仅当它们的实部与虚部分别相等.

一个复数等于零,当且仅当它们的实部与虚部同时等于零.

复数 $x+\mathrm{i}y$ 和 $x-\mathrm{i}y$ 称为互为共轭复数,复数 z 的共轭复数记为 $\bar{z}$.

(2) 复数的代数运算

设 $z_1=x_1+\mathrm{i}y_1,z_2=x_2+\mathrm{i}y_2$,复数的四则运算定义为:

复数的加(减)法

$$z_1\pm z_2=(x_1\pm x_2)+\mathrm{i}(y_1\pm y_2).$$

复数的乘法

$$z_1\cdot z_2=(x_1x_2-y_1y_2)+\mathrm{i}(x_1y_2+x_2y_1).$$

复数的除法

$$\frac{z_1}{z_2}=\frac{x_1x_2+y_1y_2}{x_2{}^2+y_2{}^2}+\mathrm{i}\,\frac{x_2y_1-x_1y_2}{x_2{}^2+y_2{}^2},(z_2\neq 0).$$

以上各式的右端分别称为复数 z_1 与 z_2 的和、差、积、商.

两个复数相等,当且仅当它们的实部与虚部分别相等,即 $z_1=z_2$ 当且仅当 $x_1=x_2,y_1=y_2$.

复数的四则运算满足以下运算律:

① 加法交换律 $z_1+z_2=z_2+z_1$.

② 加法结合律 $z_1+(z_2+z_3)=(z_1+z_2)+z_3$.

③ 乘法交换律 $z_1\cdot z_2=z_2\cdot z_1$.

④ 乘法结合律 $z_1\cdot(z_2\cdot z_3)=(z_1\cdot z_2)\cdot z_3$.

⑤ 乘法对加法的分配律 $z_1\cdot(z_2+z_3)=z_1\cdot z_2+z_1\cdot z_3$.

对复数的运算有以下事实:

① $z+0=z,0\cdot z=0$.

② $z\cdot 1=z,z\cdot\frac{1}{z}=1$.

③ 若 $z_1\cdot z_2=0$,则 z_1 与 z_2 至少有一个为零,反之亦然.

④ $\frac{z_1+z_2}{z_3}=\frac{z_1}{z_3}+\frac{z_2}{z_3}$.

全体复数在引入相等关系和运算法则后,称为复数域. 在复数域中,复数没有大小. 正如所有实数构成的集合用 R 表示,所有复数构成的集合用 C 表示.

1.1.2 复数的几何表示

(1) 复平面

一个复数 $z=x+\mathrm{i}y$ 是由一对有序实数(x,y)唯一确定,于是能够建立全体复数与 xOy 平面上的点之间的一一对应关系. 换句话说,我们可以用点(x,y)来表述复数 $z=x+\mathrm{i}y$.

由于 x 轴上的点对应着实数,故将 x 轴称为实轴;y 轴上非原点的点对应着纯虚数,故 y 轴称为虚轴. 这样,全体复数 C 可以看成平面 R^2,我们称为复平面或 z 平面、w 平面等.

(2) 复数的模与辐角

复数 $z=x+\mathrm{i}y$ 可以等同于平面中的向量(x,y),因此,我们也可以用向量来表示复数 $z=x+\mathrm{i}y$(图 1.1).

向量 $x+\mathrm{i}y$ 的长度称为复数的模,记作$|z|$(图 1.1).

复数 $z=x+\mathrm{i}y$ 模的性质:

① $|z|=\sqrt{x^2+y^2}$.

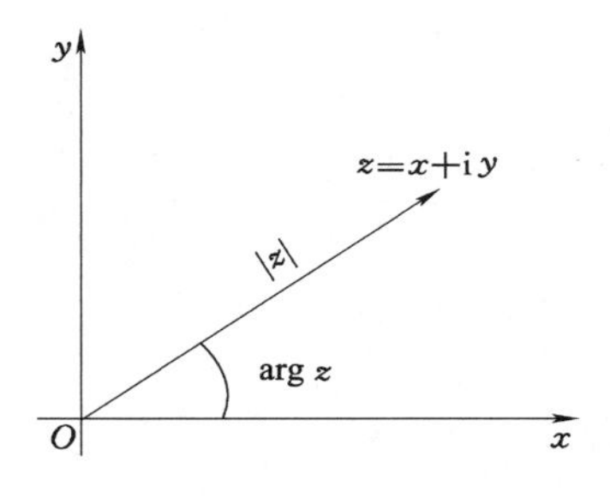

图 1.1

② $|z|=|\overline{z}|, z\cdot\overline{z}=|z|^2$.

③ $|z|\leqslant|x|+|y|, |x|\leqslant|z|, |y|\leqslant|z|$.

④ $|z_1\cdot z_2|=|z_1|\cdot|z_2|$.

⑤ $|z_1+z_2|\leqslant|z_1|+|z_2|$.

⑥ $|z_1-z_2|\geqslant||z_1|-|z_2||$.

这里$|z_1-z_2|$又表示 z_1 与 z_2 之间的距离.

向量与正实轴之间的夹角 θ 称为复数的辐角,定义为:$\mathrm{Arg}\ z=\arctan\dfrac{y}{x}+2k\pi(k\in Z)$,即 $\mathrm{Arg}\ z$ 有无穷多个值,其中每两个值相差 2π 的整数倍.但 $\mathrm{Arg}\ z$ 只有一个值 θ_0 满足条件 $-\pi<\theta_0\leqslant\pi$,称它为复数 z 的辐角的主值,记作 $\arg z$(图 1.1).则

$$\mathrm{Arg}\ z=\arg z+2k\pi,(k=0,\pm1,\pm2,\cdots,-\pi<\arg z\leqslant\pi),$$

$$\tan(\mathrm{Arg}\ z)=\frac{y}{x}.$$

而辐角主值由$\dfrac{y}{x}$的符号和 $-\pi<\arg z\leqslant\pi$ 来确定.

当 $z=0$ 时,我们定义 z 的模为 0,辐角不定.

例 1.1　设 $z_1=2-5\mathrm{i}, z_2=3+\mathrm{i}$,求$\dfrac{z_1}{z_2}$.

分析:直接利用运算法则也可以,但那样比较繁琐,可以利用共轭复数的运算结果.

解　为求$\dfrac{z_1}{z_2}$,在分子分母同乘$\overline{z_2}$,再利用 $\mathrm{i}^2=-1$,得

$$\frac{z_1}{z_2}=\frac{z_1\cdot\overline{z_2}}{z_2\cdot\overline{z_2}}=\frac{(2-5\mathrm{i})(3-\mathrm{i})}{|z|^2}=\frac{1-17\mathrm{i}}{10}=\frac{1}{10}-\frac{17}{10}\mathrm{i}.$$

共轭复数的运算性质：

(1) $\overline{\overline{z}}=z$.

(2) $\overline{z_1 \pm z_2}=\overline{z_1}\pm\overline{z_2}$.

(3) $\overline{z_1 \cdot z_2}=\overline{z_1}\cdot\overline{z_2}$.

(4) $\overline{\left(\dfrac{z_1}{z_2}\right)}=\dfrac{\overline{z_1}}{\overline{z_2}}$.

性质的证明留给读者.

例 1.2 求复数 $z=\dfrac{2-3\mathrm{i}}{1+\mathrm{i}}$的共轭复数 $\overline{z}$.

解 $\overline{z}=\overline{\left(\dfrac{2-3\mathrm{i}}{1+\mathrm{i}}\right)}=\dfrac{\overline{(2-3\mathrm{i})}}{\overline{(1+\mathrm{i})}}=\dfrac{2+3\mathrm{i}}{1-\mathrm{i}}$.

例 1.3 证明

$$\mathrm{Re}(z)=\frac{z+\overline{z}}{2},\mathrm{Im}(z)=\frac{z-\overline{z}}{2\mathrm{i}}.$$

证 设 $z=x+\mathrm{i}y$，则

$$\frac{z+\overline{z}}{2}=\frac{(x+\mathrm{i}y)+(x-\mathrm{i}y)}{2}=x=\mathrm{Re}\,(z),$$

$$\frac{z-\overline{z}}{2\mathrm{i}}=\frac{(x+\mathrm{i}y)-(x-\mathrm{i}y)}{2\mathrm{i}}=y=\mathrm{Im}(z).$$

例 1.4 设 z_1,z_2 是任意两个复数，求证：$2\mathrm{Re}(z_1\,\overline{z_2})=z_1\overline{z_2}+\overline{z_1}z_2$.

证 利用公式 $\mathrm{Re}(z)=\dfrac{1}{2}(z+\overline{z})$，可得

$$2\mathrm{Re}(z_1\,\overline{z_2})=z_1\,\overline{z_2}+\overline{z_1\,\overline{z_2}}.=z_1\,\overline{z_2}+\overline{z_1}\overline{\overline{z_2}}=z_1\overline{z_2}+\overline{z_1}z_2.$$

例 1.5 求 Arg (3－3i)和 Arg (－3＋4i).

解 $\mathrm{Arg}(3-3\mathrm{i})=\arg(3-3\mathrm{i})+2k\pi=\arctan\dfrac{-3}{3}+2k\pi$

$$=-\frac{\pi}{4}+2k\pi\quad(k=0,\pm1,\pm2,\cdots).$$

$\mathrm{Arg}(-3+4\mathrm{i})=\arg(-3+4\mathrm{i})+2k\pi=\arctan\dfrac{4}{-3}+\pi+2k\pi$

$$=(2k+1)\pi-\arctan\frac{4}{3}\quad(k=0,\pm1,\pm2,\cdots).$$

1.1.3 复数四则运算的几何意义

设 r 是 z 的模，θ 是 z 的任意一个辐角，则由直角坐标和极坐标的关系

$$x=r\cos\theta,y=r\sin\theta.$$

很容易得到

$$z=r(\cos\theta+\mathrm{i}\sin\theta).$$

上式右端称为复数 z 的三角表达式. 反过来,对于任意的正数 r 和实数 θ, $r(\cos\theta+\mathrm{i}\sin\theta)$ 一定是某个复数 z 的三角表达式.

一个复数 z 的三角表达式不是唯一的,因为其中的辐角有无穷多种选择.

例 1.6　求 $\mathrm{i}, -3, 1+\mathrm{i}$ 的三角表达式.

解　因为

$$|\mathrm{i}|=1, \mathrm{Arg}\ \mathrm{i}=\frac{\pi}{2}+2k\pi \quad (k=0,\pm1,\pm2,\cdots),$$

所以

$$\mathrm{i}=\cos\frac{\pi}{2}+\mathrm{i}\sin\frac{\pi}{2}.$$

因为

$$|-3|=3, \mathrm{Arg}(-3)=\pi+2k\pi \quad (k=0,\pm1,\pm2,\cdots),$$

所以

$$-3=3(\cos\pi+\mathrm{i}\sin\pi).$$

因为

$$|1+\mathrm{i}|=\sqrt{2}, \mathrm{Arg}(1+\mathrm{i})=\frac{\pi}{4}+2k\pi \quad (k=0,\pm1,\pm2,\cdots),$$

所以

$$1+\mathrm{i}=\sqrt{2}\left(\cos\frac{\pi}{4}+\mathrm{i}\sin\frac{\pi}{4}\right).$$

值得注意的是,如果取 $1+\mathrm{i}$ 的另外一个辐角 $\frac{9}{4}\pi$,则 $1+\mathrm{i}$ 的三角表达式也可写成

$$1+\mathrm{i}=\sqrt{2}\left(\cos\frac{9\pi}{4}+\mathrm{i}\sin\frac{9\pi}{4}\right).$$

例 1.7　设 $z=r(\cos\theta+\mathrm{i}\sin\theta)$,写出 $\frac{1}{z}$ 的三角表达式.

解　因为

$$\frac{1}{z}=\frac{\bar{z}}{|z|^2}, |z|=r, \bar{z}=r(\cos\theta-\mathrm{i}\sin\theta),$$

所以 $\frac{1}{z}$ 的三角表达式为

$$\frac{1}{z}=\frac{1}{r}(\cos\theta-\mathrm{i}\sin\theta)=\frac{1}{r}[\cos(-\theta)+\mathrm{i}\sin(-\theta)].$$

复数的加法、减法运算的几何意义由向量的加法、减法运算的几何意义给出，这里不再讨论(图 1.2). 应用复数的三角表达式，我们可以得到

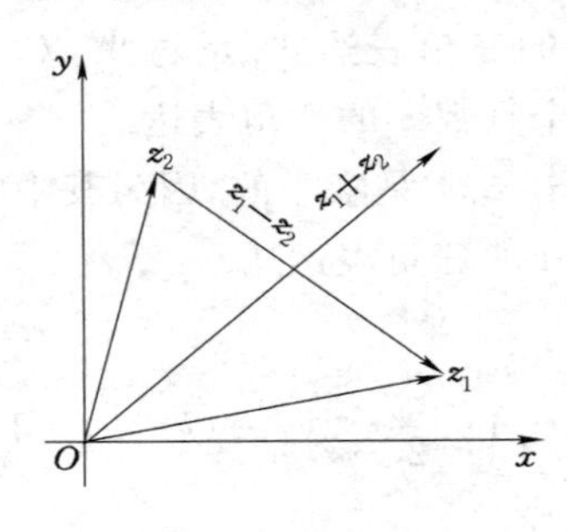

图 1.2

若 $z_1=r_1(\cos\theta_1+\mathrm{i}\sin\theta_1)\neq 0, z_2=r_2(\cos\theta_2+\mathrm{i}\sin\theta_2)\neq 0$，则

$$\begin{aligned} z_1z_2 &= r_1(\cos\theta_1+\mathrm{i}\sin\theta_1)r_2(\cos\theta_2+\mathrm{i}\sin\theta_2) \\ &= r_1r_2[(\cos\theta_1\cos\theta_2-\sin\theta_1\sin\theta_2)+\mathrm{i}(\cos\theta_1\sin\theta_2+\sin\theta_1\cos\theta_2)] \\ &= r_1r_2[\cos(\theta_1+\theta_2)]+\mathrm{i}\sin(\theta_1+\theta_2)]. \end{aligned} \tag{1.1}$$

复数的除法是乘法的逆运算，所以我们可以得到

$$\frac{z_1}{z_2}=\frac{r_1}{r_2}[\cos(\theta_1-\theta_2)]+\mathrm{i}\sin(\theta_1-\theta_2)]. \tag{1.2}$$

从而有以下定理：

定理 1.1 两个复数乘积的模等于它们模的乘积；两个复数乘积的辐角等于它们辐角的和.

定理的含义是:对任何两个非零复数 z_1 和 z_2，下面两个等式同时成立

$$|z_1z_2|=|z_1||z_2|,$$

$$\mathrm{Arg}(z_1z_2)=\mathrm{Arg}\,z_1+\mathrm{Arg}\,z_2.$$

上面关于辐角的等式应理解为集合的相等. 也就是说，对于等式左端的任一值，等式的右端必有一值和它相等，反之亦然.

定理 1.2 两个复数商的模等于它们模的商；两个复数商的辐角等于被除数与除数的辐角差.

定理 1.2 的解释和定理 1.1 类似.

另外，由复数的三角表达式

$$z=r(\cos\theta+\mathrm{i}\sin\theta),$$

经欧拉公式

$$\mathrm{e}^{\mathrm{i}\theta}=\cos\theta+\mathrm{i}\sin\theta,$$

我们可以得到等式

$$z=re^{i\theta}.$$

此式称为复数 z 的指数表达式.

如设 $z_1=r_1e^{i\theta_1}$，$z_2=r_2e^{i\theta_2}$，$(z_1\neq0, z_2\neq0)$，则

$$\begin{aligned} e^{i\theta_1}e^{i\theta_2}&=(\cos\theta_1+i\sin\theta_1)(\cos\theta_2+i\sin\theta_2)\\ &=\cos(\theta_1+\theta_2)+i\sin(\theta_1+\theta_2)=e^{i(\theta_1+\theta_2)}.\end{aligned}$$

$$\begin{aligned}\frac{1}{e^{i\theta_2}}&=\frac{1}{\cos\theta_2+i\sin\theta_2}=\cos\theta_2-i\sin\theta_2\\ &=\cos(-\theta_2)+i\sin(-\theta_2)=e^{i(-\theta_2)}=e^{-i\theta_2}.\end{aligned}$$

所以

$$z_1z_2=r_1r_2e^{i(\theta_1+\theta_2)}. \tag{1.3}$$

$$\frac{z_1}{z_2}=\frac{r_1}{r_2}e^{i(\theta_1-\theta_2)}. \tag{1.4}$$

这就是定理 1.1 和定理 1.2 的结论.

例 1.8　设 $z_1=1+\sqrt{3}i$，$z_2=1+i$，分别应用式(1.1)和式(1.2)，式(1.3)和式(1.4)计算 z_1z_2 和 $\frac{z_1}{z_2}$.

解　因为

$$z_1=1+\sqrt{3}i=2\left(\cos\frac{\pi}{3}+i\sin\frac{\pi}{3}\right),$$

$$\text{或 } z_1=1+\sqrt{3}i=2e^{\frac{\pi}{3}i}.$$

$$z_2=1+i=\sqrt{2}\left(\cos\frac{\pi}{4}+i\sin\frac{\pi}{4}\right),$$

$$\text{或 } z_2=1+i=\sqrt{2}e^{\frac{\pi}{4}i}.$$

所以由式(1.1)和式(1.2)得

$$z_1z_2=2\sqrt{2}\left[\cos\left(\frac{\pi}{3}+\frac{\pi}{4}\right)+i\sin\left(\frac{\pi}{3}+\frac{\pi}{4}\right)\right]=2\sqrt{2}\left(\cos\frac{7\pi}{12}+i\sin\frac{7\pi}{12}\right).$$

$$\frac{z_1}{z_2}=\frac{2}{\sqrt{2}}\left[\cos\left(\frac{\pi}{3}-\frac{\pi}{4}\right)+i\sin\left(\frac{\pi}{3}-\frac{\pi}{4}\right)\right]=\sqrt{2}\left(\cos\frac{\pi}{12}+i\sin\frac{\pi}{12}\right).$$

由式(1.3)和式(1.4)得

$$z_1z_2=2\sqrt{2}e^{i\left(\frac{\pi}{3}+\frac{\pi}{4}\right)}=2\sqrt{2}e^{\frac{7\pi}{12}i}.$$

$$\frac{z_1}{z_2}=\sqrt{2}e^{i\left(\frac{\pi}{3}-\frac{\pi}{4}\right)}=\sqrt{2}e^{\frac{\pi}{12}i}.$$

根据复数三角表达式与指数表达式的关系

$$re^{i\theta}=r(\cos\theta+i\sin\theta),$$

$$re^{i(\theta+2k\pi)}=r[\cos(\theta+2k\pi)+i\sin(\theta+2k\pi)].$$

显然

$$re^{i\theta}=re^{i\theta}\cdot e^{2k\pi i}\quad(k=0,\pm1,\pm2,\cdots).$$

从几何上看，当 θ 增加或减少 2π 时，z 点沿圆周移动一周回到出发点，所以，$re^{i\theta}$ 和 $re^{i(\theta+2k\pi)}(k=0,\pm1,\pm2,\cdots)$ 表示的是同一个复数(图 1.3).

由图 1.3 还可以看出，一个圆心在坐标原点，半径为 R 的圆可表示为 $|z|=R$.

一个圆心在 z_0，半径为 R 的圆可表示为 $|z-z_0|=R$(图 1.4).

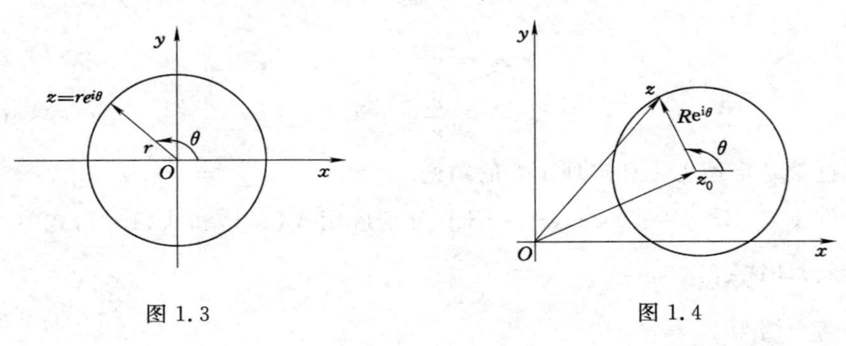

图 1.3　　　　图 1.4

1.1.4 扩充复平面

在点坐标是 (x,y,u) 的三维空间中，把 xOy 面看作就是 $z=x+iy$ 面，考虑球面 S

$$x^2+y^2+u^2=1,$$

取定球面上一点 $N(0,0,1)$ 称为球极(图 1.5).

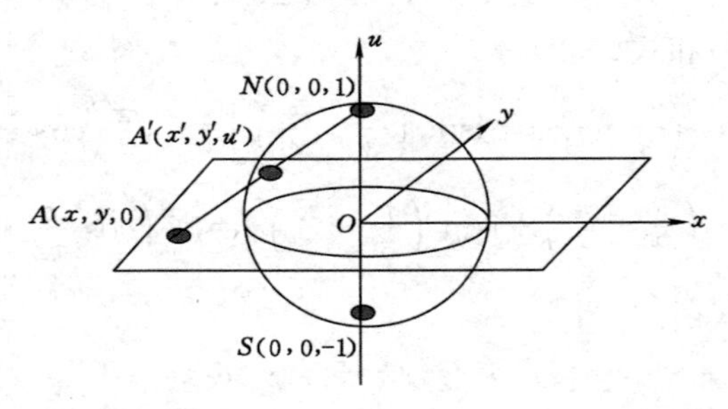

图 1.5

我们可以建立一个复平面 C 到 $S-\{N\}$ 之间的一个一一对应：

$$z=x+iy=\frac{x'+iy'}{1-u'}$$

$$x'=\frac{z+\bar{z}}{|z^2|+1},y'=\frac{z-\bar{z}}{|z^2|+1},u'=\frac{|z|^2-1}{|z|^2+1}$$

我们称上面的映射为球极射影.

对应于球极射影为 N,我们引入一个新的非正常复数无穷远点∞,称$C\cup\{\infty\}$为扩充复平面,记为 C_∞.

关于∞,其实部、虚部、辐角无意义,模等于$+\infty$;基本运算为(a 为有限复数)

$$a\pm\infty=\infty\pm a=\infty;$$

$$a\cdot\infty=\infty\cdot a=\infty(a\neq0);$$

$$\frac{a}{0}=\infty(a\neq0);$$

$$\frac{a}{\infty}=0(a\neq0).$$

1.1.5　复数的实部、虚部、共轭复数、模与辐角的 MATLAB 实现

在 MATLAB 中,命令 real 返回复数的实部,imag 返回复数的虚部,conj 返回复数的共轭复数,abs 返回复数的模,angle 返回复数的辐角.

例 1.9　求下列复数的实部、虚部、共轭复数、模、辐角.

① $\left(\frac{i-1}{i+1}\right)^{\frac{1}{3}}$;

② $\frac{i}{1-i}+\frac{1-2i}{i}$;

③ i^5+3i^4+i.

解　在 MATLAB 工作窗口输入:

```
Z=[((i-1)/(1+i))^(1/3),i/(1-i)+(1-2*i)/i ,i^5+3*i^4+i]
re=real(Z)                          %求实部
im=imag(Z)                          %求虚部
Z1=conj(Z)                          %求共轭复数
r=abs(Z)                            %求模
theta=angle(Z)                      %求辐角
Theta2=theta*180/pi                 %转化为角度
```

运行结果为:

```
Z =
   0.8660+0.5000i   -2.5000-0.5000i   3.0000+2.0000i
re =
   0.8660   -2.5000   3.0000
```

```
im =
   0.5000   -0.5000   2.0000
Z1 =
   0.8660-0.5000i   -2.5000+0.5000i   3.0000-2.0000i
r =
   1.0000      2.5495      3.6056
theta =
   0.5236    -2.9442      0.5880
Theta2 =
   30.0000   -168.6901   33.6901
```

§1.2 复数的乘幂与方根

1.2.1 复数的乘幂

设 n 是正整数，n 个非零复数 z 的乘积可记作 z^n，按乘法法则 $z^{n+1}=z^n\cdot z$，可得

$$z^n=r^n\mathrm{e}^{\mathrm{i}n\theta}.$$

当 $n=0$ 时，我们规定 $z^0=1$，显然，这时

$$z^n=r^n\mathrm{e}^{\mathrm{i}n\theta}.$$

当 n 为负整数时，规定 $z^{-1}=\dfrac{1}{z}$，则

$$\begin{aligned}z^n&=(z^{-1})^{-n}=\left(\frac{1}{z}\right)^{-n}=\left(\frac{1}{r}\mathrm{e}^{-\mathrm{i}\theta}\right)^{-n}\\&=\left(\frac{1}{r}\right)^{-n}\mathrm{e}^{\mathrm{i}n\theta}=r^n\mathrm{e}^{\mathrm{i}n\theta}.\end{aligned}$$

所以，对于整数 n，复数 $z=r\mathrm{e}^{\mathrm{i}\theta}$ 的 n 整数次幂为

$$z^n=r^n\mathrm{e}^{\mathrm{i}n\theta}=r^n(\cos n\theta+\mathrm{i}\sin n\theta).$$

当 $r=1$ 时，则得棣莫弗公式

$$(\cos\theta+\mathrm{i}\sin\theta)^n=\cos n\theta+\mathrm{i}\sin n\theta.$$

1.2.2 复数的方根

我们称满足方程

$$w^n=z(\text{这里 } w\neq 0,n\geqslant 2)$$

的复数 w 为复数 z 的 n 次方根，记作 $\sqrt[n]{z}$，即 $w=\sqrt[n]{z}$ 或 $w=z^{\frac{1}{n}}$.

设 $z=r\mathrm{e}^{\mathrm{i}\theta}$，$w=\rho\mathrm{e}^{\mathrm{i}\varphi}$，由方程 $w^n=z$ 得到

$$(\rho e^{i\varphi})^n = r e^{i\theta},$$

即

$$\rho^n e^{in\varphi} = r e^{i\theta}.$$

所以

$$\rho^n = r,$$
$$n\varphi = \theta + 2k\pi \quad (k = 0, \pm 1, \pm 2, \cdots).$$

从而

$$\rho = r^{\frac{1}{n}},$$
$$\varphi = \frac{\theta + 2k\pi}{n} \quad (k = 0, \pm 1, \pm 2, \cdots).$$

故

$$w = r^{\frac{1}{n}} e^{i\frac{\theta + 2k\pi}{n}},$$

即

$$z^{\frac{1}{n}} = r^{\frac{1}{n}} e^{i\frac{\theta + 2k\pi}{n}} = r^{\frac{1}{n}} \left(\cos \frac{\theta + 2k\pi}{n} + i\sin \frac{\theta + 2k\pi}{n}\right) \quad (k = 0, \pm 1, \pm 2, \cdots)$$

为方程 $w^n = z$ 的全部根，且当 k 取 $0, 1, 2, \cdots, n-1$ 时得到方程 $w^n = z$ 的 n 个单根，这 n 个单根在几何上表现为以原点为中心，$r^{\frac{1}{n}}$ 为半径的圆内接正 n 边形的 n 个顶点. 当 k 取其他整数值时，得到方程 $w^n = z$ 的根必与这 n 个单根中的某个根重合.

特殊的，方程 $w^n = 1$($n = 2, 3, \cdots, w \neq 0$)在复数范围内的 n 个单根为

$$w = \cos \frac{2k\pi}{n} + i\sin \frac{2k\pi}{n} \quad (k = 0, 1, 2 \cdots, n-1).$$

例 1.10　求$(1+i)^8$.

解　$1 + i = \sqrt{2} e^{i\frac{\pi}{4}}$，故有

$$(1+i)^8 = (\sqrt{2} e^{i\frac{\pi}{4}})^8 = (\sqrt{2})^8 e^{i8\frac{\pi}{4}} = 16 e^{i2\pi} = 16.$$

例 1.11　设 $z = 1 + i$，求$\sqrt[4]{z}$.

解　因 $z = \sqrt{2} e^{i\frac{\pi}{4}}$，故$|z| = \sqrt{2}$，$\arg z = \frac{\pi}{4}$. 于是，$z$ 的四个四次方根为

$$w_0 = \sqrt[8]{2} e^{i\frac{\pi}{16}},$$
$$w_1 = \sqrt[8]{2} e^{i\frac{9\pi}{16}},$$
$$w_2 = \sqrt[8]{2} e^{i\frac{17\pi}{16}},$$
$$w_3 = \sqrt[8]{2} e^{i\frac{25\pi}{16}}.$$

例 1.12　用复数的三角表示计算 $(1 + \sqrt{3} i)^3$.

解 由题意得

$$(1+\sqrt{3}\mathrm{i})^3=\left[2\left(\cos\frac{\pi}{3}+\mathrm{i}\sin\frac{\pi}{3}\right)\right]^3=8(\cos\pi+\mathrm{i}\sin\pi)=-8.$$

例 1.13 计算 $\sqrt[3]{-8}$.

解 因 $-8=8(\cos\pi+\mathrm{i}\sin\pi)$,故

$$\sqrt[3]{-8}=\sqrt[3]{8}\left(\cos\frac{\pi+2k\pi}{3}+\mathrm{i}\sin\frac{\pi+2k\pi}{3}\right)\quad(k=0,1,2).$$

当 $k=0$ 时, $\sqrt[3]{-8}=\sqrt[3]{8}\left(\cos\frac{\pi}{3}+\mathrm{i}\sin\frac{\pi}{3}\right)=2\left(\frac{1}{2}+\frac{\sqrt{3}}{2}\mathrm{i}\right)=1+\sqrt{3}\mathrm{i}$;

当 $k=1$ 时, $\sqrt[3]{-8}=\sqrt[3]{8}(\cos\pi+\mathrm{i}\sin\pi)=-2$;

当 $k=2$ 时, $\sqrt[3]{-8}=\sqrt[3]{8}\left(\cos\frac{5\pi}{3}+\mathrm{i}\sin\frac{5\pi}{3}\right)=2\left(\frac{1}{2}-\frac{\sqrt{3}}{2}\mathrm{i}\right)=1-\sqrt{3}\mathrm{i}$.

注:在实数域内,规定-8的三次方根为-2,即规定 $\sqrt[3]{-8}=-2$. 这时 $\sqrt[3]{-8}$ 就只能取上述三值之一的实值-2.

§1.3 平面点集

前面我们说过,对于一个复数与它所对应的平面上的点我们不加区分,因此点可以用复数来表示,而复数可以看作点. 而在高等数学中我们已经学习过平面点集的有关知识,所以我们可以采用复数所满足的等式或不等式来重新表述一下平面点集的相关概念.

1.3.1 区域

邻域:设 z_0 是 xOy 平面上的一个点,δ 是某一正数,与点 z_0 距离小于 δ 的点 z 的全体,即 $\{z\,|\,|z-z_0|<\delta\}$,称为点 z_0 的 δ 邻域.

而由集合 $\{z\,|\,0<|z-z_0|<\delta\}$ 所确定的集合称为点 z_0 的去心 δ 邻域.

内点:如果存在点 z_0 的某一邻域,使得该邻域内所有的点都属于 E,则称 z_0 为集合 E 的内点.

开集:如果点集 E 的点都是内点,则称 E 为开集.

边界点:如果点 z_0 的任一邻域内既有属于 E 的点,也有不属于 E 的点,则称 z_0 点为 E 的边界点.

E 的边界点的全体,称为 E 的边界,记作 ∂E.

E 的内点必属于 E; E 的外点必定不属于 E; 而 E 的边界点可能属于 E,也可能不属于 E.

连通:如果点集 E 内任何两点,都可用折线连接起来,且该折线上的点都属

于E,则称E为连通的.

区域(或开区域):连通的开集称为区域或开区域.

闭区域:开区域连同它的边界一起所构成的点集称为闭区域.

有界集:对于平面点集E,如果存在某一正数r,使得

$$E\subset U(O,r)$$

其中,O是坐标原点,则称E为有界点集.

无界集:一个集合如果不是有界集,就称这集合为无界集.

例如,集合$E=\{z\mid 1<|z|<2\}$为开集;

集合$E=\{z\mid 1\leqslant|z|\leqslant 2\}$为闭集;

集合$E=\{z\mid 1\leqslant|z|\leqslant 2\}$是有界闭区域;

集合$E=\{z\mid \mathrm{Im}\,z>0\}$是无界开区域;

集合$E=\{z\mid \mathrm{Im}\,z\geqslant 0\}$是无界闭区域.

例1.14　试说出下列各式所表示的点集是怎样的图形,并指出哪些是区域:

(1) $z+\bar{z}>0$;(2) $|z+2-\mathrm{i}|\geqslant 1$;(3) $0<\arg z<\frac{\pi}{3}$.

解　(1) 记$z=x+\mathrm{i}y$,则$z+\bar{z}=2x$. $z+\bar{z}>0$即是$x>0$,它表示右半平面(图1.6),这是一个区域.

(2) 写$z+2-\mathrm{i}=z-(-2+\mathrm{i})$,则$|z+2-\mathrm{i}|\geqslant 1$即$|z-(-2+\mathrm{i})|\geqslant 1$,它表示以$-2+\mathrm{i}$为中心,以1为半径的圆周连同其外部区域(图1.7),它是一个闭区域.

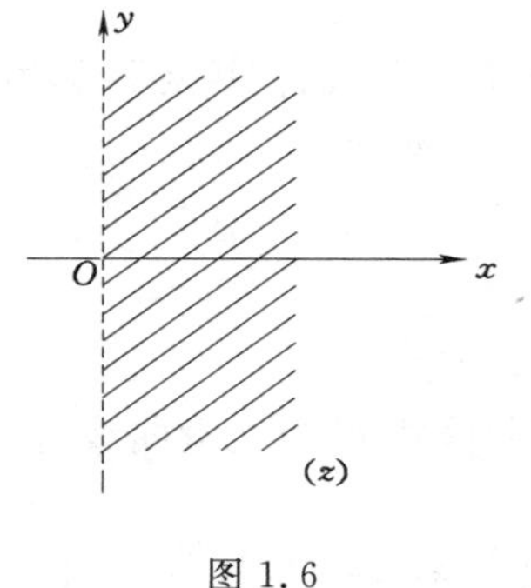

图1.6

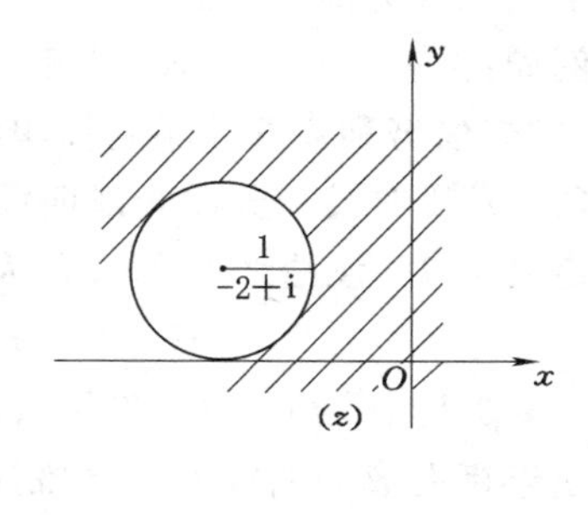

图1.7

(3) 这是介于两射线$\arg z=0$及$\arg z=\frac{\pi}{3}$之间的一个角形区域(图1.8).

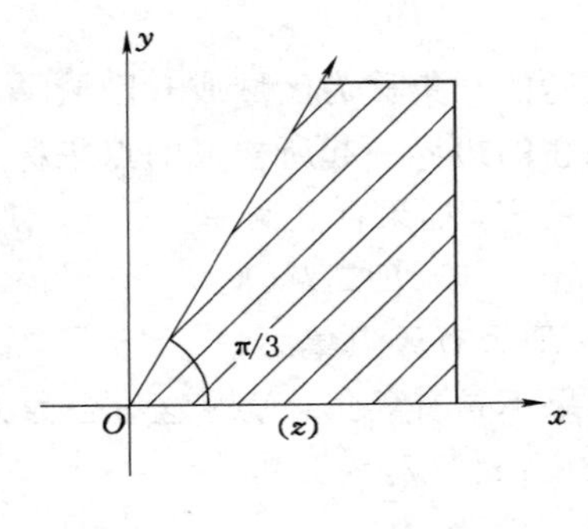

图 1.8

1.3.2 曲线

(1) 简单曲线和简单闭曲线

定义 1.1 设 $x(t)$及 $y(t)$是闭区间$[\alpha,\beta]$上连续的两个实函数,则由方程

$$\begin{cases}x=x(t),\\ y=y(t),\end{cases}\quad(\alpha\leqslant t\leqslant\beta),$$

或由复数方程

$$z=x(t)+\mathrm{i}y(t)\qquad(\alpha\leqslant t\leqslant\beta),$$
$$(\text{简记为 } z=z(t))$$

所确定的点集 C 称为复平面(z 平面)上的一条连续曲线.在这个意义下,$z(\alpha)$,$z(\beta)$分别称为曲线的起点和终点;若任取 $t_1,t_2\in[\alpha,\beta]$,且 $t_1\neq t_2$,t_1 与 t_2 不同时取到端点时,$z_1(t)\neq z_2(t)$,则称该曲线为简单曲线(或无重点曲线);$z(\alpha)=z(\beta)$的简单曲线称为简单闭曲线.

例如:没有重点的线段、圆弧、抛物线等都是简单曲线;圆周和椭圆周都是简单闭曲线,伯努利双扭线不是简单闭曲线(有重点的曲线).

(2) 光滑曲线和分段光滑曲线

定义 1.2 设曲线 C 的方程为

$$z(t)=x(t)+\mathrm{i}y(t)\quad(\alpha\leqslant t\leqslant\beta),$$

在 $\alpha\leqslant t\leqslant\beta$ 上,$x'(t)$,$y'(t)$连续且不全为零,则称曲线 C 为光滑曲线.由几段光滑曲线连接而成的曲线称为分段光滑曲线.

例如,圆 $x=a\cos t$,$y=a\sin t$ 是光滑曲线;摆线 $x=a(t-\sin t)$,$y=a(1-\cos t)$($a>0$)的一拱为一条光滑曲线;星形线 $x=a\cos^3 t$,$y=a\sin^3 t$ ($a>0$)为分段光滑的曲线.

1.3.3 单连通域和多连通域

定义 1.3 设 D 是一区域,如果对 D 内的任一简单闭曲线,曲线的内部总

属于 D,则称 D 为单连通域,不是单连通域的区域称为复连通域.

一条简单闭曲线的内部是单连通域.单连通域具有这样的特征:属于 D 的任何一条简单闭曲线,在 D 内可以经过连续的变形而缩成一点,而多连通域就不具备这个特征.

例如,区域 $\{z \mid \mathrm{Im}\, z>0\}$ 和 $\{z \mid |z|<4\}$ 均为单连通域;区域 $\{z \mid 1\leqslant |z-z_0| \leqslant 2\}$ 为多连通域.

习 题 一

1.1　计算下列各式:

(1) $\mathrm{i}-(2-3\mathrm{i})$;

(2) $(2+3\mathrm{i})^2$;

(3) $\dfrac{\mathrm{i}}{(\mathrm{i}-1)(\mathrm{i}-2)}$.

1.2　证明 $\dfrac{1+2\mathrm{i}}{3-4\mathrm{i}}+\dfrac{2-\mathrm{i}}{5\mathrm{i}}=-\dfrac{2}{5}$.

1.3　证明:若 $z_1\cdot z_2\cdot z_3=0$(其中 z_1,z_2,z_3 均为复数),那么 z_1,z_2,z_3 中至少有一个为零.

1.4　计算下列复数的模和辐角主值:

(1) $\sqrt{3}+\mathrm{i}$;

(2) $-2-2\mathrm{i}$;

(3) $-1+3\mathrm{i}$.

1.5　计算下列各个复数的 $\arg z$:

(1) $z=\dfrac{-2}{1+\sqrt{3}\mathrm{i}}$;

(2) $z=\dfrac{\mathrm{i}}{-2-2\mathrm{i}}$;

(3) $z=(\sqrt{3}-\mathrm{i})^6$.

1.6　计算下列各式:

(1) $\dfrac{-2+3\mathrm{i}}{3+2\mathrm{i}}$;

(2) $\left(\dfrac{1-\sqrt{3}\mathrm{i}}{2}\right)^2$;

(3) $\sqrt[4]{-2+2\mathrm{i}}$.

1.7　证明:若 z 在圆周 $|z|=2$ 上,那么

$$\left|\frac{1}{z^4-4z^2+3}\right| \leqslant \frac{1}{3}.$$

1.8　证明下列等式：

(1) $(-1+\mathrm{i})^7=-8(1+\mathrm{i})$；

(2) $(1+\sqrt{3}\mathrm{i})^{-10}=2^{-11}(-1+\sqrt{3}\mathrm{i})$.

1.9　解方程 $z^3+1=0$.

1.10　证明：若 $\mathrm{Re}(z_1)>0$，$\mathrm{Re}(z_2)>0$，那么

$$\arg(z_1 \cdot z_2)=\arg z_1+\arg z_2$$

1.11　求下列各题的根：

(1) $\sqrt{2\mathrm{i}}$；

(2) $\sqrt{1-\sqrt{3}\mathrm{i}}$；

(3) $\sqrt[3]{-2}$；

(4) $\sqrt[6]{8}$.

1.12　指出下列点集中哪些是闭区域，哪些是有界集或无界集？

(1) $1<|z-1|<3$；

(2) $|z-2+\mathrm{i}|\leqslant 2$；

(3) $\left|\frac{1}{z}\right|<5$；

(4) $\mathrm{Re}(z)>1$；

(5) $\mathrm{Im}\, z=3$；

(6) $|z-1|+|z+1|\leqslant 4$；

(7) $|\arg z|<\frac{\pi}{4}$；

(8) $0<|z-3|<2$.

第 2 章　复变函数与极限

复变函数实际上是自变量和因变量都为复数的函数.复变量函数论是分析数学的一个分支,故又称复分析.复变函数研究的主要对象为解析函数.在引入这种解析函数之前,这一章中,我们首先介绍复变函数、初等函数、极限与连续等一些基本概念和基本理论.

§2.1　复变函数

2.1.1　复变函数的概念

设 E 为一复数集,若对 E 内每一复数 z,有唯一确定的复数 w 与之对应,则称在 E 上确定了一个单值函数 $w=f(z)(z\in E)$.如对 E 内每一复数 z,有几个或无穷多个 w 与之对应,则称在 E 上确定了一个多值函数 $w=f(z)(z\in E)$.E 称为函数 $w=f(z)$的定义域.对于 E,w 值的全体所构成集合 M 称为函数 $w=f(z)$的值域.

例如:$w=|z|$,$w=\bar{z}$,$w=z^2$,$w=\dfrac{z+1}{z-1}(z\neq 1)$均为 z 的单值函数;$w=\sqrt[n]{z}(z\neq 0,n\geqslant 2)$,$w=\operatorname{Arg} z(z\neq 0)$,均为 z 的多值函数.

设 $w=f(z)$是定义在点集 E 上的单值或多值函数,并令 $z=x+\mathrm{i}y$,$w=u+\mathrm{i}v$,则 u,v 均随 x,y 而确定,因而 $w=f(z)$又常写成

$$w=u(x,y)+\mathrm{i}v(x,y) \tag{2.1}$$

其中,$u(x,y)$,$v(x,y)$是二元实函数.这样,一个复函数 $w=f(z)$就对应了两个二元实函数 $u=u(x,y)$,$v=v(x,y)$.

既然如此,究竟为什么我们还要去考虑一元复函数呢?实函数不是更为人们所熟知吗?如果一个复函数等价于一对实函数,那么引进较不熟悉的复函数,其目的在哪里?如果两个实函数 u,v 是随意选定的,二者之间没有什么特别联系,那么确实没有必要将它们结合起来作为一个复函数.然而,在两个实函数是紧密相关的一些情况下,把两个关系式 $u=u(x,y)$,$v=v(x,y)$缩写成一个关系式(2.1)更为有利.

例 2.1　设函数 $w=z^2+2$,当 $z=x+\mathrm{i}y$ 时,w 可写成 $w=x^2-y^2+2+$

$2xy\mathrm{i}$，因而 $u(x,y)=x^2-y^2+2, v(x,y)=2xy$.

2.1.2 复变函数的几何意义

在高等数学中，我们常常把函数用几何图形表示出来，在研究函数的性质时，这些几何图形给我们很多直观的帮助. 现在，我们就不能借助于同一个平面或同一个三维空间中的几何图形来表示复变函数. 因由式(2.1)：$f(x+\mathrm{i}y)=u(x,y)+\mathrm{i}v(x,y)$，要描出 $w=f(z)$ 的图形，必须采用四维空间，也就是 (u,v,x,y) 空间，为了避免这个困难，我们取两张复平面，分别称为 z 平面和 w 平面. 注意到，在平面上，不区分"点"和"数"，也不再区分"点集"和"数集"，我们把复变函数理解成两个复平面上的点集间的对应(映射或变换). 具体地说，复变函数 $w=f(z)$ 给出了从 z 平面上的点集 E 到 w 平面上的点集 F 间的一个对应关系，也可以讲 $w=f(z)$ 是从 z 平面上的点集 E 到 w 平面上的点集 F 间的一种变换(图 2.1). 与点 $z\in E$ 对应的点 $w=f(z)$ 称为点 z 的像，同时点 z 就称为点 $w=f(z)$ 的原像.

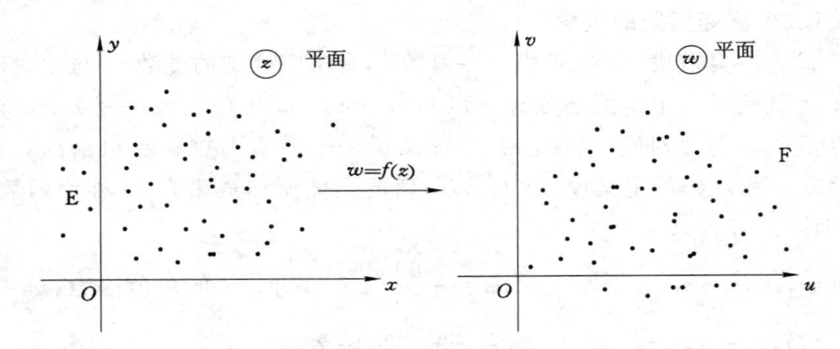

图 2.1

简单地说，复变函数的几何意义就是：它是一种变换，它把 z 平面上的点变换成了 w 平面上的点；把 z 平面上的曲线变换成了 w 平面上的曲线；把 z 平面上的一个区域变换成了 w 平面上的一个区域.

例如：函数 $w=z^2$ 把 z 平面上的点 $z=1+2\mathrm{i}$ 变换为 w 平面上的点 $w=-3+4\mathrm{i}$；把 z 平面上的圆 $|z|=3$ 变换成了 w 平面上的圆 $|w|=9$；而把 z 平面上的扇形区域

$$0<\theta<\frac{\pi}{4}, 0<r<2,$$

变换成 w 平面上的扇形区域

$$0<\varphi<\frac{\pi}{2}, 0<\rho<4.$$

必须指出，像点的原像可能不只是一点，例如 $w=z^2$，则 $z=\pm1$ 的像点均为 $w=1$，因此 $w=1$ 的原像是两个点 $z=\pm1$.

2.1.3　平面向量场

复变函数不仅是一门重要的基础课程，同时它也是一门应用性很强的数学分支，它的发生与发展总是与应用紧密相连的，例如达朗贝尔及欧拉由流体力学导出了著名的柯西—黎曼条件；茹科夫斯基应用复变函数证明了关于飞机翼升力的公式，也正是有了实践的支持才推动了复变函数论的发展. 在很多学科之中都可以看到复变函数论的一些概念与结论的实际意义.

下面我们将用复变函数来描述平面定常向量场. 所谓平面定常向量场主要有两个要求：① 这个向量场中的向量是与时间无关的；② 向量场中的向量都平行于某一平面 α，并且在垂直于 α 的任何一条直线上所有点处，这个场中的向量都相等. 如平稳流动的江水速度向量场就可视为平面定常向量场. 更广泛一些的流体的流动问题，假设流体是质量均匀的，并且具有不可压缩性，就是说密度不因流体所处的位置以及受到的压力而改变. 不妨就假设密度为 1，流体的形式是定常的（即与时间无关）平面流动. 所谓平面流动是指流体在垂直于某一固定平面的直线上各点均有相同的流动情况（图2.2）. 流体层的厚度可以不考虑，或者认为是一个单位长. 这种流体的流速场就是一个平面定常向量场.

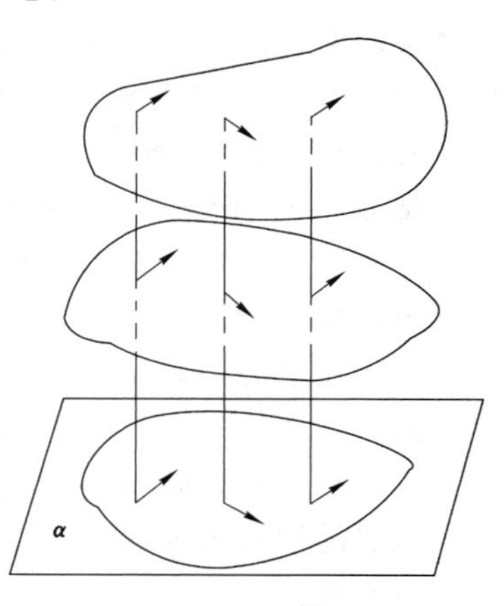

图 2.2

建立适当的坐标系，平面定常向量场可表示为：

$$\boldsymbol{a} = a_x(x,y)\boldsymbol{i} + a_y(x,y)\boldsymbol{j} \tag{2.2}$$

如果场中的点用复数 $z=x+\mathrm{i}y$ 表示，把单位向量 $\boldsymbol{i},\boldsymbol{j}$ 分别换成 1 和虚单位 i，则向量 $\boldsymbol{a}=a_x(x,y)\boldsymbol{i}+a_y(x,y)\boldsymbol{j}$ 就可表示为 $w=a_x(x,y)+\mathrm{i}a_y(x,y)$. 这样，给定二元实函数 $a_x(x,y)$ 和 $a_y(x,y)$ 或给定了一个复变函数 $w=a_x(x,y)+\mathrm{i}a_y(x,y)$，向量场(2.2)就确定了.

设平稳流动的河水的流速场为

$$\boldsymbol{v}=v_x(x,y)\boldsymbol{i}+v_y(x,y)\boldsymbol{j},$$

这个平面场可以用复变函数

$$v=v_x(x,y)+\mathrm{i}v_y(x,y)$$

来表示.

其他如平面电场等还有很多这样的例子.可见复变函数具有明确的物理意义,复变函数论是研究这些相关问题的强有力的工具.

§2.2 初等函数

复变量的初等函数是高等数学中实变量的初等函数在复数域中的推广,经过推广后的初等复函数往往会产生一些新的性质,学习时要注意研究初等复函数与对应的实函数之间的联系与发展关系.与初等实函数一样,初等复函数也是一种最简单、最基本而常用的函数类,在复变函数论及其应用中占有很重要的地位.本节我们将讨论复数域上初等函数的定义与性质.

2.2.1 指数函数

定义 2.1 设复数 $z=x+\mathrm{i}y$,称

$$f(z)=\mathrm{e}^z=\exp z=\mathrm{e}^x(\cos y+\mathrm{i}\sin y)$$

为指数函数.

对于任意的实数 y 有

$$\mathrm{e}^{\mathrm{i}y}=\cos y+\mathrm{i}\sin y \tag{2.3}$$

上式称为欧拉(Euler)公式.

从实的指数函数推广到复的指数函数,函数的性质发生了什么变化?主要有以下几点:

(1) 对于实数 $z=x(y=0)$来说,现在的指数函数与原来的实指数函数是一致的.

(2) 由指数的定义以及欧拉公式,对任意一复数 $z=x+\mathrm{i}y$,有

$$\mathrm{e}^z=\mathrm{e}^{x+\mathrm{i}y}=\mathrm{e}^x\cdot\mathrm{e}^{\mathrm{i}y}$$

所以

$$|\mathrm{e}^z|=\mathrm{e}^x,\mathrm{Arg}\,\mathrm{e}^z=y+2k\pi(k=0,\pm1,\pm2,\cdots).$$

(3) 考察指数的运算法则,设

$$z_1=x_1+\mathrm{i}y_1,\quad z_2=x_2+\mathrm{i}y_2$$

则

$$\mathrm{e}^{z_1}\cdot\mathrm{e}^{z_2}=\mathrm{e}^{z_1+z_2}.$$

(4) 由欧拉公式可知,对任意整数 k,有

$$\mathrm{e}^{2k\pi\mathrm{i}}=\cos(2k\pi)+\mathrm{i}\sin(2k\pi)=1,$$

再由

$$\mathrm{e}^{z+2k\pi\mathrm{i}}=\mathrm{e}^z\cdot\mathrm{e}^{2k\pi\mathrm{i}}=\mathrm{e}^z.$$

因此 e^z 是以 $2k\pi\mathrm{i}(k=\pm1,\pm2,\cdots)$为周期的函数,这个性质是实变量指数

函数所不具备的.

例 2.2　利用复数的指数表示计算$\left(\frac{-1+i}{1+i}\right)^{\frac{1}{3}}$.

解　因为

$$\left(\frac{-1+\mathrm{i}}{1+\mathrm{i}}\right)^{\frac{1}{3}}=\left[\frac{\sqrt{2}\,\mathrm{e}^{\frac{3\pi}{4}\mathrm{i}}}{\sqrt{2}\,\mathrm{e}^{\frac{\pi}{4}\mathrm{i}}}\right]^{\frac{1}{3}}=(\mathrm{e}^{\frac{\pi}{2}\mathrm{i}})^{\frac{1}{3}}=\mathrm{e}^{\mathrm{i}\left(\frac{\pi+4k\pi}{6}\right)}\quad(k=0,1,2).$$

故所求的值有 3 个,即 $\mathrm{e}^{\frac{\pi}{6}\mathrm{i}}$,$\mathrm{e}^{\frac{5\pi}{6}\mathrm{i}}$及 $\mathrm{e}^{\frac{3\pi}{2}\mathrm{i}}$,也就是

$$\frac{\sqrt{3}}{2}+\frac{1}{2}\mathrm{i},-\frac{\sqrt{3}}{2}+\frac{1}{2}\mathrm{i},-\mathrm{i}.$$

2.2.2　对数函数

定义 2.2　定义对数函数是指数函数的反函数,即若

$$\mathrm{e}^{w}=z\quad(z\neq 0,\infty),$$

则复数 w 称为复数 z 的对数,记为 $w=\mathrm{Ln}\,z$.

现求 $w=\mathrm{Ln}\,z$ 的表达式,令

$$z=r\mathrm{e}^{\mathrm{i}\theta},w=u+\mathrm{i}v,$$

则有

$$\mathrm{e}^{u+\mathrm{i}v}=r\mathrm{e}^{\mathrm{i}\theta},$$

因而

$$u=\ln r,v=\theta+2k\pi\ (k=0,\pm 1,\cdots),$$

故

$$\mathrm{Ln}\,z=\ln r+\mathrm{i}(\theta+2k\pi)\ (k=0,\pm 1,\cdots),$$

或

$$\mathrm{Ln}\,z=\ln|z|+\mathrm{i}\mathrm{Arg}\,z=\ln|z|+\mathrm{i}(\arg z+2k\pi).$$

因为 $\mathrm{Arg}\,z$ 为多值函数,所以对数函数 $w=\mathrm{Ln}\,z$ 为多值函数,并且每两个函数值相差 $2\pi\mathrm{i}$ 的整数倍.

如果规定 $\mathrm{Arg}\,z$ 取主值 $\arg z$,就得到 $w=\mathrm{Ln}\,z$ 的一个单值分支,记作$\ln z$,把它称为 $w=\mathrm{Ln}\,z$ 的主值,因此

$$\ln z=\ln|z|+\mathrm{i}\arg z.$$

特别地,当 $z=x>0$ 时,$w=\mathrm{Ln}\,z$ 的主值 $\ln z=\ln x$,就是实变量对数函数.

对数函数的性质:

设 $z_1,z_2\neq 0,\infty$,则

(1) $\mathrm{Ln}(z_1z_2)=\mathrm{Ln}\,z_1+\mathrm{Ln}\,z_2$.

(2) $\mathrm{Ln}\left(\frac{z_1}{z_2}\right)=\mathrm{Ln}\,z_1-\mathrm{Ln}\,z_2$.

(3) $e^{\mathrm{Ln}\, z}=z$；$\mathrm{Ln}\, e^{z}=z+2k\pi i(k=0,\pm1,\pm2,\cdots)$.

注意等式 $\mathrm{Ln}\, z^{n}=n\mathrm{Ln}\, z$，以及 $\mathrm{Ln}\sqrt[n]{z}=\frac{1}{n}\mathrm{Ln}\, z$ 不再成立，其中 n 是大于 1 的正整数.

例 2.3 计算 $\mathrm{Ln}(1+i)$.

解 $\mathrm{Ln}(1+i)=\ln|1+i|+i\mathrm{Arg}\,(1+i)$

$$=\frac{1}{2}\ln 2+i\left(\frac{\pi}{4}+2k\pi\right)\quad(k\text{ 为整数}).$$

例 2.4 计算 $\mathrm{Ln}(-1)$.

解 $\mathrm{Ln}(-1)=\ln|-1|+i\mathrm{Arg}\,(-1)$

$$=(\pi+2k\pi)i=(2k+1)\pi i\qquad(k\text{ 为整数}).$$

2.2.3 幂函数

定义 2.3 称函数

$$w=z^{\alpha}=e^{\alpha\mathrm{Ln}\, z}\quad(z\neq0,\infty;\alpha\text{ 为复常数})$$

为复变量 z 的幂函数.

此定义是实数域中等式

$$x^{\alpha}=e^{\alpha\ln x}\quad(x>0,\alpha\text{ 为实数})$$

在复数域中的推广.

设 $\ln z$ 表示 $\mathrm{Ln}\, z$ 的主值，则

$$z^{\alpha}=e^{\alpha\mathrm{Ln}\, z}=e^{\alpha[\ln z+2k\pi i]}=w_0 e^{2k\pi i\alpha}\quad(k=0,\pm1,\pm2\cdots),$$

其中，$w_0=e^{\alpha\ln z}$.

规定：当 α 为正实数且 $z=0$ 时，$z^{\alpha}=0$.

由于 $\mathrm{Ln}\, z$ 是多值函数，所以 $e^{\alpha\mathrm{Ln}\, z}$ 一般也是多值函数.

现在讨论 α 的如下三种特殊情况：

(1) α 是一整数 n，此时

$$e^{2k\pi i\alpha}=e^{2(kn)\pi i}=1,$$

故 z^{α} 这时是 z 的单值函数.

(2) α 是一有理数 $\frac{q}{p}$，此时

$$e^{2k\pi i\alpha}=e^{2k\pi i\frac{q}{p}},$$

只能取 p 个不同的值，即当 $k=0,1,2,\cdots,p-1$ 时的对应值，于是

$$z^{\frac{q}{p}}=w_0 e^{2k\pi i\frac{q}{p}},k=0,1,2,\cdots,p-1.$$

(3) α 是一无理数或虚数，此时 $e^{2k\pi i\alpha}$ 的所有的值各不相同，故 z^{α} 这时是 z 的无穷多值函数.

例 2.5　计算$(1+\mathrm{i})^{\mathrm{i}}$的值.

解　$(1+\mathrm{i})^{\mathrm{i}}=\mathrm{e}^{\mathrm{i}\mathrm{Ln}(1+\mathrm{i})}=\mathrm{e}^{\mathrm{i}[\ln|1+\mathrm{i}|+\mathrm{i}(\arg(1+\mathrm{i})+2k\pi)]}$

$$=\mathrm{e}^{\mathrm{i}\frac{\ln 2}{2}-(\frac{\pi}{4}+2k\pi)}=\mathrm{e}^{-\pi(\frac{1}{4}+2k)}\left(\cos\frac{\ln 2}{2}+\mathrm{i}\sin\frac{\ln 2}{2}\right).$$

2.2.4　三角函数与双曲函数

根据欧拉公式

$$\mathrm{e}^{\mathrm{i}y}=\cos y+\mathrm{i}\sin y,$$

由方程

$$\begin{cases}\mathrm{e}^{\mathrm{i}y}=\cos y+\mathrm{i}\sin y,\\ \mathrm{e}^{-\mathrm{i}y}=\cos y-\mathrm{i}\sin y,\end{cases}$$

可得

$$\sin y=\frac{\mathrm{e}^{\mathrm{i}y}-\mathrm{e}^{-\mathrm{i}y}}{2\mathrm{i}},\cos y=\frac{\mathrm{e}^{\mathrm{i}y}+\mathrm{e}^{-\mathrm{i}y}}{2}.$$

因此复三角函数可定义如下：

定义 2.4　设z为复数，称

$$\frac{\mathrm{e}^{\mathrm{i}z}-\mathrm{e}^{-\mathrm{i}z}}{2\mathrm{i}}与\frac{\mathrm{e}^{\mathrm{i}z}+\mathrm{e}^{-\mathrm{i}z}}{2}$$

分别为z的正弦函数和余弦函数，分别记作

$$\sin z=\frac{\mathrm{e}^{\mathrm{i}z}-\mathrm{e}^{-\mathrm{i}z}}{2\mathrm{i}},\cos z=\frac{\mathrm{e}^{\mathrm{i}z}+\mathrm{e}^{-\mathrm{i}z}}{2}.$$

正、余弦函数的性质：

(1) 当z为实数值时，现在的定义与原来三角函数的定义是一致的.

(2) $\sin z$是奇函数，$\cos z$是偶函数，三角学中实变量的三角函数间的一些公式对复变量的三角函数仍然有效.

例如，由定义容易推得

$$\sin^2 z+\cos^2=1,\sin\left(\frac{\pi}{2}+z\right)=\cos z,$$

$$\sin(z_1\pm z_2)=\sin z_1\cos z_2\pm\cos z_1\sin z_2,$$

$$\cos(z_1\pm z_2)=\cos z_1\cos z_2\mp\sin z_1\sin z_2.$$

(3) $\sin z$仅在$z=k\pi$处为零，$\cos z$仅在$z=\frac{\pi}{2}+k\pi$处为零，其中k为整数.

(4) $\sin z$与$\cos z$以$2k\pi$(k为非零整数)为周期.

(5) $|\sin z|^2=\sin^2 x+\mathrm{sh}^2 y$，$|\cos z|^2=\cos^2 x+\mathrm{sh}^2 y$. 在复数范围内，不能断定$|\sin z|\leqslant 1$，$|\cos z|\leqslant 1$.

例如，取$z=\mathrm{i}y(y>0)$，则

$$|\cos(\mathrm{i}y)|=\left|\frac{\mathrm{e}^{\mathrm{i}(\mathrm{i}y)}+\mathrm{e}^{-\mathrm{i}(\mathrm{i}y)}}{2}\right|=\left|\frac{\mathrm{e}^{-y}+\mathrm{e}^{y}}{2}\right|>\frac{\mathrm{e}^{y}}{2},$$

当 y 充分大时，$|\cos(\mathrm{i}y)|$ 就可以大于任何指定的数.另外，$\sin^2 z$ 也不一定是非负的，可能取任何复数值.例如

$$\sin^2(-\mathrm{i})=\left(\frac{\mathrm{e}^{\mathrm{i}(-\mathrm{i})}-\mathrm{e}^{-\mathrm{i}(-\mathrm{i})}}{2\mathrm{i}}\right)^2=\left(\frac{\mathrm{e}-\mathrm{e}^{-1}}{2\mathrm{i}}\right)^2=-\frac{(\mathrm{e}-\mathrm{e}^{-1})^2}{4}$$

就是一个负数.

例 2.6 计算 $\cos(1+\mathrm{i})$ 的值.

解 由定义得

$$\cos(1+\mathrm{i})=\frac{\mathrm{e}^{\mathrm{i}(1+\mathrm{i})}+\mathrm{e}^{-\mathrm{i}(1+\mathrm{i})}}{2}=\frac{\mathrm{e}^{\mathrm{i}-1}+\mathrm{e}^{-\mathrm{i}+1}}{2}$$

$$=\frac{1}{2}(\mathrm{e}^{-1}+\mathrm{e})\cos 1+\mathrm{i}\,\frac{1}{2}(\mathrm{e}^{-1}-\mathrm{e})\sin 1.$$

定义 2.5 称函数

$$\tan z=\frac{\sin z}{\cos z},\cot z=\frac{\cos z}{\sin z},\sec z=\frac{1}{\cos z},\csc z=\frac{1}{\sin z}$$

分别为 z 的正切、余切、正割与余割函数.

定义 2.6 称函数

$$\mathrm{sh}\, z=\frac{\mathrm{e}^z-\mathrm{e}^{-z}}{2},\mathrm{ch}\, z=\frac{\mathrm{e}^z+\mathrm{e}^{-z}}{2},\mathrm{th}\, z=\frac{\mathrm{e}^z-\mathrm{e}^{-z}}{\mathrm{e}^z+\mathrm{e}^{-z}},\mathrm{cth}\, z=\frac{\mathrm{e}^z+\mathrm{e}^{-z}}{\mathrm{e}^z-\mathrm{e}^{-z}}$$

分别为 z 的双曲正弦、双曲余弦、双曲正切、双曲余切函数.

双曲函数与三角函数之间有如下关系

$$\mathrm{sh}\, z=-\mathrm{i}\sin \mathrm{i}z,\mathrm{ch}\, z=\cos \mathrm{i}z,$$

$$\mathrm{th}\, z=-\mathrm{i}\tan \mathrm{i}z,\mathrm{cth}\, z=\mathrm{i}\cot \mathrm{i}z.$$

由这些关系式可以看出双曲函数是单值的且以虚数 $2\pi\mathrm{i}$ 为周期的周期函数.$\mathrm{sh}\, z$ 为奇函数，$\mathrm{ch}\, z$ 为偶函数.

2.2.5 反三角函数与反双曲函数

复变量的反三角函数与实分析的定义是类似的.

复变量 z 的反三角函数是 $z=\sin w$；$z=\cos w$；$z=\tan w$；$z=\cot w$ 的反函数，分别记为

$$w=\mathrm{Arcsin}\, z;w=\mathrm{Arccos}\, z;w=\mathrm{Arctan}\, z;w=\mathrm{Arccot}\, z.$$

由反三角函数的定义易得：

(1) $\mathrm{Arcsin}\, z=-\mathrm{i}\mathrm{Ln}(\mathrm{i}z+\sqrt{1-z^2})$；

(2) $\mathrm{Arccos}\, z=-\mathrm{i}\mathrm{Ln}(z+\sqrt{z^2-1})$；

(3) $\mathrm{Arctan}\, z=\frac{\mathrm{i}}{2}\mathrm{Ln}\,\frac{\mathrm{i}+z}{\mathrm{i}-z}$；

(4) $\text{Arccot}\, z=-\frac{i}{2}\text{Ln}\,\frac{z+i}{z-i}$.

下面推导公式(2).

因为
$$z=\cos w=\frac{1}{2}(e^{iw}+e^{-iw}),$$
所以
$$(e^{iw})^2-2ze^{iw}+1=0,$$
从而
$$e^{iw}=z+\sqrt{z^2-1},$$
故
$$w=-i\text{Ln}(z+\sqrt{z^2-1}).$$

双曲函数的反函数分别记为:
$$\text{Arsh}\, z;\text{Arch}\, z;\text{Arth}\, z;\text{Arcth}\, z.$$

仿照反三角函数的推导方法可得:

(1) $\text{Arsh}\, z=\text{Ln}(z+\sqrt{z^2+1})$;

(2) $\text{Arch}\, z=\text{Ln}(z+\sqrt{z^2-1})$;

(3) $\text{Arth}\, z=\frac{1}{2}\text{Ln}\,\frac{1+z}{1-z}$;

(4) $\text{Arcth}\, z=\frac{1}{2}\text{Ln}\,\frac{z+1}{z-1}$.

§2.3 复变函数的极限与连续性

2.3.1 复变函数的极限

定义 2.7 设函数 $w=f(z)$在 z_0 的去心邻域 $0<|z-z_0|<\rho$ 内有定义.若有确定的复数 $A(A\neq\infty)$存在,对于任意给定的 $\varepsilon>0$,总存在一个正数 δ,使得对满足 $0<|z-z_0|<\delta(0<\delta\leqslant\rho)$的一切 z 都有 $|f(z)-A|<\varepsilon$,则称 A 为函数 $f(z)$当 z 趋向 z_0 时的极限.记作$\lim\limits_{z\to z_0} f(z)=A$ 或 $f(z)\to A$(当 $z\to z_0$).

这个定义的几何意义是:当变点 z 在 z_0 的一个充分小的 δ 邻域内时,它们的像点就在 A 的一个给定的 ε 邻域.

由于 z_0 是复平面上的点,因此 z 可以任意方式趋近于 z_0,但不论怎样趋近,$f(z)$的值总是趋近于 A.

这个定义形式上与高等数学中的一元实函数的情况相同,因此,复变函数的极限有类似于实函数极限的性质.例如,当 $\lim\limits_{z\to z_0} f(z)=A$,$\lim\limits_{z\to z_0} g(z)=B$ 时,有

$\lim\limits_{z\to z_0}[f(z)\pm g(z)]=A\pm B,\lim\limits_{z\to z_0}[f(z)\cdot g(z)]=A\cdot B,\lim\limits_{z\to z_0}\dfrac{f(z)}{g(z)}=\dfrac{A}{B}(B\neq 0)$.

复变函数极限的计算，可归结为实函数对极限的计算，具体来说，有下面的定理：

定理 2.1 设函数 $f(z)=u(x,y)+\mathrm{i}v(x,y)$，$A=u_0+\mathrm{i}v_0$，$z_0=x_0+\mathrm{i}y_0$，则 $\lim\limits_{z\to z_0}f(z)=A$ 的充要条件是 $\lim\limits_{\substack{x\to x_0\\y\to y_0}}u(x,y)=u_0$，$\lim\limits_{\substack{x\to x_0\\y\to y_0}}v(x,y)=v_0$.

证明 必要性：

若 $\lim\limits_{z\to z_0}f(z)=A$，根据极限定义，当 $0<|z-z_0|=\sqrt{(x-x_0)^2+(y-y_0)^2}<\delta$ 时，则有

$$|f(z)-A|=|(u+\mathrm{i}v)-(u_0+\mathrm{i}v_0)|=\sqrt{(u-u_0)^2+(v-v_0)^2}<\varepsilon.$$

于是显见，当 $0<\sqrt{(x-x_0)^2+(y-y_0)^2}<\delta$ 时，则有 $|u-u_0|<\varepsilon$，$|v-v_0|<\varepsilon$，即

$$\lim_{\substack{x\to x_0\\y\to y_0}}u(x,y)=u_0,\ \lim_{\substack{x\to x_0\\y\to y_0}}v(x,y)=v_0.$$

充分性：当上面两式成立，即当 $0<\sqrt{(x-x_0)^2+(y-y_0)^2}<\delta$ 时，就有

$$|u-u_0|<\frac{\varepsilon}{2},|v-v_0|<\frac{\varepsilon}{2}.$$

于是便有当 $0<|z-z_0|<\delta$ 时，

$$|f(z)-A|=|(u-u_0)+\mathrm{i}(v-v_0)|\leqslant|u-u_0|+|v-v_0|<\varepsilon.$$

即 $\lim\limits_{z\to z_0}f(z)=A$.

关于含∞的极限可作如下定义：

$\lim\limits_{t\to 0}f\left(\dfrac{1}{t}\right)=a\Leftrightarrow\lim\limits_{z\to\infty}f(z)=a$ （a为有限复数）；

$\lim\limits_{z\to z_0}\dfrac{1}{f(z)}=0\Leftrightarrow\lim\limits_{z\to z_0}f(z)=\infty$；

$\lim\limits_{t\to 0}\dfrac{1}{f\left(\dfrac{1}{t}\right)}=0\Leftrightarrow\lim\limits_{z\to\infty}f(z)=\infty$.

2.3.2 复变函数的连续性

定义 2.8 如果 $\lim\limits_{z\to z_0}f(z)=f(z_0)$ 成立，则称 $f(z)$ 在 z_0 处连续. 如果 $f(z)$ 在区域 D 中每一点连续，则称 $f(z)$ 在 D 内连续.

例 2.7 设 $f(z)=\dfrac{1}{2\mathrm{i}}\left(\dfrac{z}{\bar{z}}-\dfrac{\bar{z}}{z}\right)(z\neq 0)$，试证 $f(z)$ 在原点无极限，从而在原

点不连续.

证明　令变点 $z=r(\cos\theta+\mathrm{i}\sin\theta)$,则

$$f(z)=\frac{1}{2\mathrm{i}}\frac{z^2-\bar{z}^2}{\bar{z}z}=\frac{1}{2\mathrm{i}}\cdot\frac{(z+\bar{z})(z-\bar{z})}{r^2}=\frac{1}{2\mathrm{i}r^2}\cdot 2r\cos\theta\cdot 2r\mathrm{i}\sin\theta=\sin 2\theta,$$

从而$\lim\limits_{z\to 0}f(z)=0$(沿正实轴 $\theta=0$), $\lim\limits_{z\to 0}f(z)=1$(沿第一象限的平分角线 $\theta=\frac{\pi}{4}$),故 $f(z)$在原点无确定的极限,从而在原点不连续.

例 2.8　讨论函数 $f(z)=\arg z$ 的连续性.

解　设 z_0 为复平面上任意的一点.下面分情况讨论:

当 $z_0=0$ 时,由于 $f(z)=\arg z$ 在 $z_0=0$ 处无定义,故此函数在 $z_0=0$ 处不连续.

当 z_0 是负实轴上的点时,则

$$\lim_{\substack{z\to z_0\\ \mathrm{Im}\,z\geqslant 0}}\arg z=\pi,\ \lim_{\substack{z\to z_0\\ \mathrm{Im}\,z<0}}\arg z=-\pi,$$

故函数 $f(z)=\arg z$ 在负实轴上不连续.

当 z_0 为全平面除去原点和负实轴的区域上任意一点时,容易证明

$$\lim_{z\to z_0}\arg z=\arg z_0,$$

所以 $f(z)=\arg z$ 在该区域连续.

由定义 2.8 与定理 2.1 知:

定理 2.2　函数 $f(z)=u(x,y)+\mathrm{i}v(x,y)$在 $z_0=x_0+\mathrm{i}y_0$ 处连续的充要条件是 $u(x,y)$和 $v(x,y)$在(x_0,y_0)处连续.

上面引进的复变函数极限与连续性的定义与实函数的极限与连续性的定义形式上完全相同,因此高等数学中证明的关于连续函数的和、差、积、商(分母不为 0)及复合函数仍连续的定理依然成立.由此可知幂函数 $w=z^n$(n 为正整数)与一般的多项式

$$P(z)=a_0z^n+a_1z^{n-1}+\cdots+a_n$$

是复平面上的连续函数.

有理函数

$$R(z)=\frac{a_0z^n+a_1z^{n-1}+\cdots+a_n}{b_0z^m+b_1z^{m-1}+\cdots+b_m}$$

除在分母为 0 的点外在复平面上也处处连续.

同二元实函数一样,在有界闭区域上的复连续函数,具有下列几个性质:

(1) 有界闭区域 $\overline{D}$ 上的连续函数 $f(z)$是有界的.

(2) 有界闭区域 $\overline{D}$ 上的连续函数 $f(z)$,在 $\overline{D}$ 上其模$|f(z)|$至少取得最大

值与最小值各一次.

(3) 有界闭区域 $\overline{D}$ 上的连续函数 $f(z)$ 在 $\overline{D}$ 上是一致连续的,即对任意给定的 $\varepsilon>0$,存在 $\delta>0$,对任何满足 $|z-z'|<\delta$ 的 $z,z'\in\overline{D}$ 有 $|f(z)-f(z')|<\varepsilon$.

2.3.3 复变函数极限的 MATLAB 实现

例 2.9 已知复变函数 $f(z)=z^4+\sin z, z_0=1+\sqrt{2}\,\mathrm{i}$,求 $\lim\limits_{z\to z_0} f(z)$.

subs 的用法:

limit 指令只能求实数和无穷的极限,只能用 subs 实现.

subs(s,old,new)表示符号表达式中变量 old 替代为新的变量 new.

解 在 MATLAB 工作窗口输入:

```
syms z z0
f=z^3+sin(z);
z0=1+sqrt(2)*i;
subs(f,z,z0)
```

运行结果为:

```
ans =
sin(1 + 2^(1/2)*1i) + (1 + 2^(1/2)*1i)^3
```

习 题 二

2.1 试将函数 $x^2-y^2-\mathrm{i}(xy-x)$ 写成 z 的函数($z=x+\mathrm{i}y$).

2.2 函数 $w=\dfrac{1}{z}$ 将 z 平面上的下列曲线变成 w 平面上的什么曲线($z=x+\mathrm{i}y, w=u+\mathrm{i}v$)?

(1) $x^2+y^2=4$;(2) $y=x$;(3) $x=1$;(4) $(x-1)^2+y^2=1$.

2.3 证明:(1) $\mathrm{e}^{\frac{\pi}{2}\mathrm{i}}=\mathrm{i}$;(2) $\mathrm{e}^{z-\pi\mathrm{i}}=-\mathrm{e}^z$.

2.4 证明:$(\exp z)^n=\exp(nz)(n=0,\pm1,\pm2,\cdots)$

2.5 求解下列关于 z 的方程.

(1) $\mathrm{e}^z=-1$;(2) $\mathrm{e}^z=-1+\sqrt{3}\mathrm{i}$;(3) $\mathrm{e}^{2z-1}=1$.

2.6 设 $z=r\mathrm{e}^{\mathrm{i}\theta}$ 是一个非零复数,证明:$\exp(\ln z)=z$.

2.7 计算下列函数值:

(1) $\mathrm{i}^{-2\mathrm{i}}$;(2) $(-1)^{\sqrt{2}}$;(3) $\cos\mathrm{i}$;(4) $\mathrm{Ln}(-3+4\mathrm{i})$;(5) $(1-\mathrm{i})^{1+\mathrm{i}}$;(6) $3^{3-\mathrm{i}}$.

2.8 证明:$2\sin z_1\cos z_2=\sin(z_1+z_2)+\sin(z_1-z_2)$.

2.9 证明:$\sin z=\sin x\,\mathrm{ch}\,y+\mathrm{i}\cos x\,\mathrm{sh}\,y$.

2.10　证明:(1) $\operatorname{sh} z=-\mathrm{i}\sin \mathrm{i}z$;(2) $\operatorname{th}(z+\pi\mathrm{i})=\operatorname{th} z$.

2.11　求解下列关于 z 的方程:

(1) $\operatorname{ch} z=\frac{1}{2}$;(2) $\operatorname{sh} z=\mathrm{i}$.

2.12　证明:$\lim\limits_{z\to 0}\frac{\operatorname{Re}(z)}{z}$不存在.

2.13　证明:$\ln z$ 在负实轴上(包括原点)不连续,除此之外,在 z 平面上处处连续.

2.14　设函数 $f(z)=\begin{cases}\frac{x^2 y}{x^4+y^2}, z\neq 0,\\ 0, z=0.\end{cases}$ 试证:$f(z)$在原点不连续.

2.15　试证:$f(z)=\bar{z}$ 在 z 平面上处处连续.

第3章 解析函数

解析函数是复变函数研究的主要对象，它是一类具有某种特性的可微函数，它在理论和实际问题中有着广泛的应用. 本章首先引入函数可导、可微定义，然后给出函数可导的充分必要条件；接着着重介绍解析函数，并讨论几种在实数域上熟知的初等函数在复数域上的解析性；最后给出调和函数的定义，并讨论解析函数与调和函数的关系.

§3.1 复变函数的导数

3.1.1 复变函数的导数与微分的定义

复变函数的导数定义，形式上和高等数学中一元函数的导数定义相一致. 因此，微分学中所有的求导基本公式都可以直接推广到复变函数上来.

定义 3.1 设函数 $w=f(z)$ 在点 z_0 的某邻域内有定义，$z_0+\Delta z$ 是邻域内任一点，$\Delta w=f(z_0+\Delta z)-f(z_0)$，如果

$$\lim_{\Delta z\to 0}\frac{\Delta w}{\Delta z}=\lim_{\Delta z\to 0}\frac{f(z_0+\Delta z)-f(z_0)}{\Delta z}$$

存在，且其值有限，则称此极限为函数 $f(z)$ 在点 z_0 的导数，并记为 $f'(z_0)$，即

$$f'(z_0)=\lim_{\Delta z\to 0}\frac{\Delta w}{\Delta z}=\lim_{\Delta z\to 0}\frac{f(z_0+\Delta z)-f(z_0)}{\Delta z} \tag{3.1}$$

这时称函数 $f(z)$ 在点 z_0 可导.

式(3.1)的极限存在要求与 Δz 趋于零的方式无关，这就要求：当 $z_0+\Delta z$ 沿连接点 z_0 的任意路径趋于点 z_0 时，比值 $\frac{\Delta w}{\Delta z}$ 的极限都存在，并且这些极限都相等.

和导数的情形一样，复变函数的微分定义，形式上与高等数学中微分定义一致.

定义 3.2 设函数 $w=f(z)$ 在点 z 可导，于是

$$\lim_{\Delta z\to 0}\frac{\Delta w}{\Delta z}=f'(z).$$

即

$$\frac{\Delta w}{\Delta z}=f'(z)+\eta,\ \lim_{\Delta z\to 0}\eta=0,$$

$$\Delta w = f'(z)\Delta z + o(\Delta z). \tag{3.2}$$

其中,$o(\Delta z)$为比 Δz 高阶的无穷小.

称 $f'(z)\Delta z$ 为 $w=f(z)$在点 z 的微分,记为 $\mathrm{d}w$ 或 $\mathrm{d}f(z)$,此时也称 $f(z)$在点 z 的可微,即

$$\mathrm{d}w=f'(z)\Delta z.$$

特别地,当 $f(z)=z$ 时,$\mathrm{d}z=\Delta z$. 于是式(3.2)变为

$$\mathrm{d}w=f'(z)\mathrm{d}z,$$

即

$$f'(z)=\frac{\mathrm{d}w}{\mathrm{d}z}.$$

由此可见:$f(z)$在点 z 可导与 $f(z)$在点 z 可微是等价的.

由定义可知,函数 $f(z)$在点 z 可微,则 $f(z)$在点 z 连续. 但 $f(z)$在点 z 连续却不一定在点 z 可微.

例 3.1 证明:函数 $f(z)=\bar{z}$ 在 z 平面上处处不可微.

证 $\frac{\Delta f}{\Delta z}=\frac{\overline{z+\Delta z}-\bar{z}}{\Delta z}=\frac{\bar{z}+\overline{\Delta z}-\bar{z}}{\Delta z}=\frac{\overline{\Delta z}}{\Delta z}$,当 $\Delta z\to 0$ 时,上式极限不存在. 因为当 Δz 取实数趋于零时,其极限为 1;Δz 取纯虚数趋于零时,其极限为 -1.

例 3.2 证明:函数 $f(z)=|z|^2$ 在 $z=0$ 点可导,且导数等于 0.

证 $\frac{\Delta f}{\Delta z}=\frac{f(0+\Delta z)-f(0)}{\Delta z}=\frac{|\Delta z|^2}{\Delta z}=\overline{\Delta z}$,当 $\Delta z\to 0$ 时,$\overline{\Delta z}\to 0$,故 $f(z)$在 $z=0$ 点可导,且导数等于 0.

3.1.2 复变函数的导数的运算法则

(1) 四则运算法则

① 如果 $f_1(z)$,$f_2(z)$在区域 D 内处处可导,则

$[f_1(z)\pm f_2(z)]'=f'_1(z)\pm f'_2(z)$;

$[f_1(z)\cdot f_2(z)]'=f'_1(z)\cdot f_2(z)+f_1(z)\cdot f'_2(z)$;

$\left[\frac{f_1(z)}{f_2(z)}\right]'=\frac{f'_1(z)\cdot f_2(z)-f_1(z)\cdot f'_2(z)}{[f_2(z)]^2}$.

此外,很容易知道以下函数的导数:

② $(C)'=0$,其中 C 为复常数;

③ $(z^n)'=nz^{n-1}$,其中 n 为正整数;

④ $(\mathrm{e}^z)'=\mathrm{e}^z$;

⑤ $(\ln z)'=\frac{1}{z}(z\neq 0,z\neq x(x<0))$;

⑥ $(\sin z)'=\cos z$.

一般来说，对于 $w(t)=u(t)+\mathrm{i}v(t)$，其求导法则可直接根据定义 3.1 得到，即

$$w'(t)=u'(t)+\mathrm{i}v'(t).$$

(2) 复合函数的求导法则

函数 $\omega=f(z)$在区域 D 内可导，函数 $w=g(\omega)$在区域 G 内可导，则复合函数 $w=g(f(z))=h(z)$在区域 D 内可导，且有

$$h'(z)=[g(f(z))]'=g'(f(z))f'(z).$$

(3) 反函数的求导法则

若 $z=\varphi(w)$是函数 $w=f(z)$的反函数，且 $f'(z)\neq 0$，则

$$\frac{\mathrm{d}z}{\mathrm{d}w}=\varphi'(w)=\frac{1}{f'[\varphi(w)]}.$$

例 3.3 求函数 $f(z)=(3z^2-4z+6)^n$(n 为正整数)的导数.

解 由复合函数的求导法则，有

$$\begin{aligned}f'(z)&=n(3z^2-4z+6)^{n-1}\cdot\frac{\mathrm{d}}{\mathrm{d}z}(3z^2-4z+6)\\&=n(3z^2-4z+6)^{n-1}(6z-4)\\&=2n(3z^2-4z+6)^{n-1}(3z-2).\end{aligned}$$

3.1.3 复变函数的导数的几何意义

设 $w=f(z)$在 z_0 可导，$w_0=f(z_0)$且 $f'(z_0)\neq 0$，考虑过 z_0 的一条简单光滑的曲线 C

$$z(t)=x(t)+\mathrm{i}y(t)\quad(\alpha\leqslant t\leqslant\beta,z(t_0)=z_0).$$

函数 $w=f(z)$把曲线 C 映照成过 $w_0=f(z_0)$的一条简单曲线 Γ

$$w=f(z(t)).$$

因为$\frac{\mathrm{d}w}{\mathrm{d}t}=f'(z(t))z'(t)$，则它在 w_0 点的切线与实轴的夹角是

$$\arg[f'(z_0)z'(t_0)]=\arg f'(z_0)+\arg z'(t_0),$$

于是有

$$\arg f'(z_0)=\arg[f'(z_0)z'(t_0)]-\arg z'(t_0).$$

故 $\arg f'(z_0)$表示：曲线 C 在 z_0 点的切线在 $w=f(z)$的映照下转动的角度即曲线 C 在 $w=f(z)$的映照下在 z_0 处的转动角.

函数 $w=f(z)$在点 z_0 的导数 $f'(z_0)$是$\frac{\Delta w}{\Delta z}$在 Δz 趋于 0 时的极限，即

$$f'(z_0)=\lim_{\Delta z\to 0}\frac{\Delta w}{\Delta z}=\lim_{\Delta z\to 0}\left(\left|\frac{\Delta w}{\Delta z}\right|\mathrm{e}^{\mathrm{i}(\varphi-\theta)}\right).$$

导数的模为

$$|f'(z_0)|=\lim_{\Delta z\to 0}\left|\frac{\Delta w}{\Delta z}\right|.$$

它代表当通过 z_0 点的无穷小线段 $\overline{z_0 z}(\Delta z\to 0)$ 映射到 w 平面上的无穷小线段 $\overline{w_0 w}$ 时长度的伸缩比.

像曲线 Γ 上过点 w_0 的无穷小的弧长与原曲线 C 上过点 z_0 的无穷小的弧长之比的极限是一个定值 $|f'(z_0)|=\lim\limits_{\Delta z\to 0}\left|\frac{\Delta w}{\Delta z}\right|$. 它反映了在映射 $w=f(z)$ 下,z 平面上 C 曲线在点 z_0 处弧长的伸缩率,这就是导数模的几何意义. 并且伸缩率 $|f'(z_0)|$ 只与点 z_0 有关,而与过点 z_0 的曲线 C 的形状无关,这一性质称为伸缩率的不变性.

3.1.4 函数可导的充分必要条件

如果我们判断函数是否可导时使用定义,这样不仅麻烦,而且对某些函数判断起来会十分困难. 能否有更为简单的办法判断一个函数是否可导呢? 下述定理回答了这个问题.

定理 3.1 函数 $w=f(z)=u(x,y)+\mathrm{i}v(x,y)$ 在点 $z=x+\mathrm{i}y$ 可导的充要条件是二元函数 $u(x,y)$,$v(x,y)$ 在点 (x,y) 处可微,且满足柯西—黎曼条件(简称为 C-R 条件)

$$\frac{\partial u}{\partial x}=\frac{\partial v}{\partial y},\ \frac{\partial u}{\partial y}=-\frac{\partial v}{\partial x}. \tag{3.3}$$

上述条件满足时,$f(z)$ 在点 $z=x+\mathrm{i}y$ 的导数可表示为下列形式之一:

$$\begin{aligned}f'(z)&=u_x+\mathrm{i}v_x=v_y-\mathrm{i}u_y\\&=u_x-\mathrm{i}u_y=v_y+\mathrm{i}v_x.\end{aligned}$$

证明 先证必要性. 设 $f(z)=u(x,y)+\mathrm{i}v(x,y)$ 在 $z=x+\mathrm{i}y$ 处可导,记做 $f'(z)=a+\mathrm{i}b$,则由式(3.2)有

$$\begin{aligned}f(z+\Delta z)-f(z)&=(a+\mathrm{i}b)\Delta z+o(|\Delta z|)\\&=(a+\mathrm{i}b)(\Delta x+\mathrm{i}\Delta y)+o(|\Delta z|).\end{aligned}$$

其中,$f(z+\Delta z)-f(z)=\Delta u+\mathrm{i}\Delta v$,$\Delta z=\Delta x+\mathrm{i}\Delta y$. 分开实部和虚部,得

$$u(x+\Delta x,y+\Delta y)-u(x,y)=a\Delta x-b\Delta y+o(|\Delta z|),$$
$$v(x+\Delta x,y+\Delta y)-v(x,y)=b\Delta x+a\Delta y+o(|\Delta z|).$$

可见二元函数 $u(x,y)$,$v(x,y)$ 在点 (x,y) 处可微,并且

$$a=\frac{\partial u}{\partial x}=\frac{\partial v}{\partial y},\ -b=\frac{\partial u}{\partial y}=-\frac{\partial v}{\partial x}.$$

再证充分性. 设二元函数 $u(x,y)$,$v(x,y)$ 在点 (x,y) 处可微,且式(3.3)成立,则有

$$\Delta u=u_x(x,y)\Delta x+u_y(x,y)\Delta y+o(|\Delta z|),$$
$$\Delta v=v_x(x,y)\Delta x+v_y(x,y)\Delta y+o(|\Delta z|).$$

于是由式(3.3)知

$$\Delta w=\Delta u+\mathrm{i}\Delta v=(u_x+\mathrm{i}v_x)(\Delta x+\mathrm{i}\Delta y)+o(|\Delta z|).$$

因而

$$\lim_{\Delta z\to 0}\frac{\Delta w}{\Delta z}=u_x+\mathrm{i}v_x=a+\mathrm{i}b.$$

由以上讨论可见，当定理 3.1 的条件满足时，可按下列公式之一计算 $f'(z)$，即

$$f'(z)=u_x+\mathrm{i}v_x=v_y+\mathrm{i}v_x=u_x-\mathrm{i}u_y=v_y-\mathrm{i}u_y. \tag{3.4}$$

但是，C-R 条件只是函数 $f(z)$可导的必要条件并非充分条件. 因为，二元函数在某一点有偏导数并不能保证该函数在该点连续，更不用说可微. 例，取两个函数 $u(x,y)$，$v(x,y)$如下

$$u(x,y)=v(x,y)=\begin{cases}\dfrac{xy}{x^2+y^2}, & x^2+y^2\neq 0,\\ 0, & x^2+y^2=0.\end{cases}$$

构造函数 $f(z)=u(x,y)+\mathrm{i}v(x,y)$，则 $f(z)$在 $z=0$ 这点满足

$$\frac{\partial u}{\partial x}=\frac{\partial v}{\partial y}=0,\frac{\partial u}{\partial y}=-\frac{\partial v}{\partial x}=0,$$

但 $f(z)$在 $z=0$ 处是不连续的，从而是不可导的.

例 3.4 讨论函数 $f(z)=\bar{z}$ 在复平面上的可导性.

解 注意到 $u=x$，$v=-y$，判断 C-R 条件是否成立，则

$$u_x=1,v_y=-1,u_y=0,v_x=0.$$

即 $u_x\neq v_y$，显然在复平面处处不满足 C-R 条件，故原函数在复平面上处处不可导.

§3.2 解析函数

3.2.1 解析函数的概念

定义 3.3 如果函数 $w=f(z)$在区域 D 内可微，则称 $f(z)$为区域 D 内的解析函数，或称 $f(z)$在区域 D 内解析. 区域 D 内的解析函数也称为 D 内的全纯函数或正则函数.

函数在一点解析的定义是：设函数 $w=f(z)$在区域 D 内有定义，z_0 为 D 内某一点，若存在 z_0 的某一邻域，使得函数 $f(z)$在该邻域内处处可导，则称函数 $f(z)$在点 z_0 解析. 此时称点 z_0 为函数 $f(z)$的解析点.

可以看出，函数 $f(z)$ 在区域 D 内解析与函数 $f(z)$ 在区域 D 内处处解析的说法是等价的.

表面上看“解析”等同于“可微”，但要注意，解析函数是与相伴区域密切联系的，在不是区域的点集 E 上的可微函数不能称为解析. 若称 $f(z)$ 在某点 z_0 可微，不能称 $f(z)$ 在该点解析；而称 $f(z)$ 在某点解析，其意义是指 $f(z)$ 在该点的某一邻域内解析；若称 $f(z)$ 在闭域 $\overline{D}$ 上解析，是指 $f(z)$ 在包含 $\overline{D}$ 的某区域内解析.

注：① 函数 $f(z)$ 在点 z 解析等价于 $f(z)$ 在该点的某一邻域内解析；

② 函数 $f(z)$ 在闭域 $\overline{D}$ 上解析等价于 $f(z)$ 在包含 $\overline{D}$ 的某区域内解析；

③ 函数 $f(z)$ 在区域 D 内解析等价于函数 $f(z)$ 在区域 D 内可微，等价于 $f(z)$ 在区域 D 内点点解析.

定义 3.4 若函数 $f(z)$ 在点 z_0 不解析，则称 z_0 为函数 $f(z)$ 的奇点.

例如，$w=\frac{1}{z}$ 在 z 平面上以 $z=0$ 为奇点.

例 3.5 求函数 $f(z)=\frac{2z^5-z+3}{4z^2+1}$ 的解析区域以及该区域上的导函数.

解 设 $P(z)=2z^5-z+3$，$Q(z)=4z^2+1$，P，Q 都是 z 的多项式. 由函数 z^n（n 为正整数）在全平面解析以及乘积与和、差的求导法则知，P，Q 都在全平面上解析. 而有商的求导法则知，当 $Q(z)\neq 0$ 时，$f(z)=\frac{P(z)}{Q(z)}$ 为解析函数.

又当 $Q(z)=4z^2+1=0$ 时，$z=\sqrt{-\frac{1}{4}}=\pm\frac{\mathrm{i}}{2}$.

因此，在全平面上除去奇点 $\frac{\mathrm{i}}{2}$ 与 $-\frac{\mathrm{i}}{2}$ 的区域内 $f(z)$ 解析.

$f(z)$ 的导数可计算如下

$$\begin{aligned} f'(z) &= \frac{P'(z)Q(z)-P(z)Q'(z)}{Q^2(z)} \\ &= \frac{24z^6+10z^4+4z^2-24z-1}{(4z^2+1)^2}. \end{aligned}$$

3.2.2 函数解析的充分必要条件

定理 3.2 函数 $w=f(z)=u(x,y)+\mathrm{i}v(x,y)$ 在区域 D 内解析的充要条件是二元函数 $u(x,y)$，$v(x,y)$ 在区域 D 内处处可微，而且满足柯西—黎曼条件（简称为 C-R 条件）.

推论 3.1 函数 $w=f(z)=u(x,y)+\mathrm{i}v(x,y)$ 在区域 D 内有定义，如果在区域 D 内 $u(x,y)$，$v(x,y)$ 的四个偏导数 u_x，u_y，v_x，v_y 存在且连续，而且满足柯

西—黎曼条件，则 $f(z)$在区域 D 内解析.

注：定理 3.2 以及推论 3.1 提供了判断函数 $f(z)$在区域 D 内是否解析的方法，如果 $f(z)$在区域 D 内满足 C-R 条件，而且四个一阶偏导数均连续，则 $f(z)$在区域 D 内解析；如果 $f(z)$在区域 D 内不满足 C-R 条件，则 $f(z)$在区域 D 内不解析.

例 3.6 讨论函数 $f(z)=e^x(\cos y+i\sin y)$在复平面上的解析性，且 $f'(z)=f(z)$.

解 注意到 $u=e^x\cos y, v=e^x\sin y$，判断 C-R 条件是否成立，则

$$u_x=e^x\cos y, v_y=e^x\cos y, u_y=-e^x\sin y, v_x=e^x\sin y.$$

从而 $f(z)$在复平面处处满足 C-R 条件，并且四个一阶偏导数均连续，故 $f(z)$在复平面处处解析，并且

$$f'(z)=u_x-iu_y=e^x\cos y+ie^x\sin y=f(z).$$

例 3.7 如果函数 $f(z)$在区域 D 内解析，且满足 $f'(z)=0$，证明 $f(z)$在 D 内为常数.

证 由

$$f'(z)=\frac{\partial u}{\partial x}+i\frac{\partial v}{\partial x}=\frac{\partial v}{\partial y}-i\frac{\partial u}{\partial y}=0$$

知

$$\frac{\partial u}{\partial x}=\frac{\partial v}{\partial y}=\frac{\partial v}{\partial x}=\frac{\partial u}{\partial y}=0,$$

故 u,v 都是常数，从而 $f(z)$在区域 D 内为常数.

3.2.3 初等函数的解析性

由导数的运算法则可知，在某区域上解析的函数经过加、减、乘、除运算得到的函数在该区域上仍解析. 两个及两个以上的解析函数经过有限次复合运算后得到的函数仍为解析函数. 解析函数的单值反函数仍为解析函数.

由 3.1 节讨论可得：

（1）指数函数

指数函数 $f(z)=e^z$ 在整个复平面上解析，由公式(3.4) 易证：$\frac{d}{dz}(e^z)=e^z$，即 $f'(z)=f(z)$.

（2）对数函数

就 $w=\mathrm{Ln}\, z$ 的主值 $\ln z$ 而言，除去原点及负实轴的复平面上解析的，且

$$\frac{d}{dz}(\ln z)=\frac{1}{z}.$$

（3）幂函数

幂函数 z^{α}，当 α 为正整数和零时，z^{α} 在整个复平面上解析；当 α 为负整数时，z^{α} 在除原点外的复平面上解析；当 α 为既约分数、无理数、复数时，z^{α} 作为指数函数与对数函数的复合函数，在除去负半实轴和原点的复平面上解析. 不论 α 为以上的何种情况，在解析点上都有

$$(z^{\alpha})'=\alpha z^{\alpha-1}.$$

(4) 三角函数与双曲函数

$\sin z$ 与 $\cos z$ 在复平面解析，且有 $(\sin z)'=\cos z$，$(\cos z)'=-\sin z$.

事实上

$$(\sin z)'=\left(\frac{e^{iz}-e^{-iz}}{2i}\right)'=\frac{e^{iz}+e^{-iz}}{2}=\cos z.$$

同理，可证另一个.

而

$$\tan z=\frac{\sin z}{\cos z},\cot z=\frac{\cos z}{\sin z},$$

$$\sec z=\frac{1}{\cos z},\csc z=\frac{1}{\sin z}.$$

这四个三角函数在其分母不为零的点处解析且

$$(\tan z)'=\sec^2 z,(\cot z)'=-\csc^2 z,$$

$$(\sec z)'=\sec z\tan z,(\csc z)'=-\csc z\cot z.$$

z 的双曲正弦、双曲余弦函数均在复平面内解析，且

$$(\operatorname{sh} z)'=\operatorname{ch} z,(\operatorname{ch} z)'=\operatorname{sh} z.$$

§3.3　调和函数

3.3.1　调和函数的定义

平面静电场中的电位函数、平面流速场中的势函数与流函数都是一种特殊的二元函数，即所谓的调和函数. 调和函数常出现在流体力学、电学、磁学等实际问题中. 下面给出调和函数的定义.

定义 3.5　二元实函数 $H(x,y)$ 在区域 D 内有二阶连续偏导数且满足拉普拉斯方程

$$\Delta H=\frac{\partial^2 H}{\partial x^2}+\frac{\partial^2 H}{\partial y^2}=0, \tag{3.5}$$

则称 $H(x,y)$ 为区域 D 内的调和函数. 或称二元实函数 $H(x,y)$ 在区域 D 内调和.

记

$$\Delta=\frac{\partial^2}{\partial x^2}+\frac{\partial^2}{\partial y^2}$$

为运算符号,称为拉普拉斯算子.

3.3.2 调和函数与解析函数的关系

调和函数与某种解析函数有着密切的关系,下面的定理给出了它们之间的关系.

定理 3.3 设函数 $w=f(z)=u(x,y)+\mathrm{i}v(x,y)$ 在区域 D 内解析,则 $f(z)$ 的实部 $u(x,y)$ 和虚部 $v(x,y)$ 都是区域 D 内的调和函数.

证 因 $f(z)$ 在区域 D 内解析,所以 $u(x,y)$, $v(x,y)$ 在区域 D 内满足 C-R 条件

$$\frac{\partial u}{\partial x}=\frac{\partial v}{\partial y},\frac{\partial u}{\partial y}=-\frac{\partial v}{\partial x}.$$

由于某个区域上的解析函数在该区域上必有任意阶的导数(这一事实本书后面将要证明),因此可对上式求偏导数

$$\frac{\partial^2 u}{\partial x^2}=\frac{\partial^2 v}{\partial y\partial x},\ \frac{\partial^2 u}{\partial y^2}=-\frac{\partial^2 v}{\partial x\partial y}.$$

两式相加可得

$$\frac{\partial^2 u}{\partial x^2}+\frac{\partial^2 u}{\partial y^2}=0.$$

同理可得

$$\frac{\partial^2 v}{\partial x^2}+\frac{\partial^2 v}{\partial y^2}=0.$$

由调和函数的定义知, $u(x,y)$, $v(x,y)$ 是区域 D 内的调和函数.

定义 3.6 如果二元函数 $u(x,y)$, $v(x,y)$ 是区域 D 内的调和函数,且满足 C-R 条件

$$\frac{\partial u}{\partial x}=\frac{\partial v}{\partial y},\frac{\partial u}{\partial y}=-\frac{\partial v}{\partial x},$$

则称二元函数 $v(x,y)$ 是 $u(x,y)$ 在区域 D 内的共轭调和函数.

显然,解析函数的虚部是实部的共轭调和函数. 反过来,由具有共轭性质的两个调和函数构造一个复变函数是不是解析的呢? 下面的定理回答了这一问题.

定理 3.4 设函数 $w=f(z)=u(x,y)+\mathrm{i}v(x,y)$ 在区域 D 内解析的充分必要条件是在区域 D 内, $f(z)$ 的虚部 $v(x,y)$ 是实部 $u(x,y)$ 的共轭调和函数.

请大家思考:如果 $w=f(z)$ 在区域 D 内解析,那么, $u(x,y)$ 是不是 $v(x,y)$ 的共轭调和函数? 进一步思考可得出什么结论?

根据这个定理,可利用一个调和函数和它的共轭调和函数作出一个解析

函数.

由共轭调和函数的关系，如果知道了其中一个，则可以根据 C-R 条件求出另一个来. 下面举例说明如何来求.

例 3.8　验证 $u(x,y)=x^3-3xy^2$ 是调和函数，求一解析函数 $f(z)=u(x,y)+\mathrm{i}v(x,y)$，并使 $f(0)=\mathrm{i}$.

解　因为

$$\frac{\partial u}{\partial x}=3x^2-3y^2,\frac{\partial u}{\partial y}=-6xy,$$

$$\frac{\partial^2 u}{\partial x^2}=6x,\frac{\partial^2 u}{\partial y^2}=-6x,$$

所以

$$\frac{\partial^2 u}{\partial x^2}+\frac{\partial^2 u}{\partial y^2}=0.$$

显然，$u(x,y)$ 的二阶偏导数连续，故 $u(x,y)$ 为调和函数.

解法 1　偏积分法

由

$$\frac{\partial v}{\partial y}=\frac{\partial u}{\partial x}=3x^2-3y^2,$$

得

$$v(x,y)=\int(3x^2-3y^2)\mathrm{d}y=3x^2y-y^3+c(x),$$

所以

$$\frac{\partial v}{\partial x}=6xy+c'(x)=-\frac{\partial u}{\partial y}=6xy,$$

从而

$$c'(x)=0,$$

即

$$c(x)=c,$$

因此

$$v(x,y)=3x^2y-y^3+c.$$

从而得到解析函数

$$f(z)=x^3-3xy^2+\mathrm{i}(3x^2y-y^3+c),$$

又

$$f(0)=\mathrm{i},$$

故

$$c=1.$$

所以

$$f(z)=x^3-3xy^2+\mathrm{i}(3x^2y-y^3+1)=z^3+\mathrm{i}.$$

解法 2　也可以利用曲线积分求 $u(x,y)$ 共轭调和函数，方法如下：

从 C-R 条件知道，函数 $u(x,y)$ 决定了函数 $v(x,y)$ 的全微分，即

$$\mathrm{d}v=\frac{\partial v}{\partial x}\mathrm{d}x+\frac{\partial v}{\partial y}\mathrm{d}y=-\frac{\partial u}{\partial y}\mathrm{d}x+\frac{\partial u}{\partial x}\mathrm{d}y\ .$$

由曲线积分的知识可知，当 D 为单连通区域时，上式右端的积分与路径无关，从而

$$v(x,y)=\int_{(x_0,y_0)}^{(x,y)}-\frac{\partial u}{\partial y}\mathrm{d}x+\frac{\partial u}{\partial x}\mathrm{d}y+c\ . \tag{3.6}$$

其中，(x_0,y_0) 为 D 内一定点；c 为任意一实常数.

由式(3.6)得

$$\begin{aligned}v(x,y)&=\int_{(0,0)}^{(x,0)}6xy\mathrm{d}x+(3x^2-3y^2)\mathrm{d}y+\int_{(x,0)}^{(x,y)}6xy\mathrm{d}x+(3x^2-3y^2)\mathrm{d}y+c\\&=\int_0^y(3x^2-3y^2)\mathrm{d}y+c=3x^2y-y^3+c.\end{aligned}$$

以下的求解过程同解法 1.

上例说明，已知解析函数的实部，就可以确定它的虚部，至多相差一个任意常数. 类似的，也可以由解析函数的虚部确定它的实部.

例 3.9　验证 $v(x,y)=\arctan\dfrac{y}{x}(x>0)$ 在右半 z 平面内是调和函数，并求以 $v(x,y)$ 为虚部的解析函数 $f(z)$.

解　验证 $v(x,y)$ 在右半 z 平面内是调和函数留给读者.

$$\begin{aligned}u(x,y)&=\int\frac{\partial u}{\partial x}\mathrm{d}x+c(y)=\int\frac{\partial v}{\partial y}\mathrm{d}x+c(y)\\&=\int\frac{x}{x^2+y^2}\mathrm{d}x+c(y)=\frac{1}{2}\ln(x^2+y^2)+c(y),\end{aligned}$$

又

$$\frac{\partial u}{\partial y}=\frac{y}{x^2+y^2}+c'(y)=-\frac{\partial v}{\partial x}=\frac{y}{x^2+y^2},$$

从而

$$c'(y)=0,$$

即

$$c(y)=c,$$

因此

$$u(x,y)=\frac{1}{2}\ln(x^2+y^2)+c.$$

读者也可以利用解法2求解 $u(x,y)$.

3.3.3 平面电场的复势

在平面电场中,电通 φ 和电位 ψ 都是调和函数,即它们满足拉普拉斯方程,而且电力线 $\varphi=k_1$ 和等位线 $\psi=k_2$ 相互正交. 这种性质正好与一个解析函数的实部和虚部所具有的性质相符合. 因此,在研究平面电场时,常将电场的电通 φ 和电位 ψ 分别看做一个解析函数的实部和虚部,而将它们合为一个解析函数进行研究. 这种由电通作实部,电位作虚部组成的解析函数

$$f(z)=\varphi(x,y)+\mathrm{i}\psi(x,y)$$

称为电场中的复势(复电位).

如果不是利用解析函数作为研究电场的工具,则研究电场的电通和电位是孤立进行的,看不出它们的联系. 如果使用解析函数,则以上缺点都可以克服,而且计算起来也较简单. 反过来,如果知道了一个平面电场的复电位,则通过对其复势的实部和虚部的研究,便可以得出电场的分布情况.

注:静电场的复势函数一定是单值函数.

例 3.10 已知一电场的电力线方程为

$$\arctan\frac{y}{x+b}-\arctan\frac{y}{x-b}=k_1,$$

求其等位线方程和复势.

解 设复电位

$$f(z)=\varphi(x,y)+\mathrm{i}\psi(x,y),$$

则

$$\varphi(x,y)=\arctan\frac{y}{x+b}-\arctan\frac{y}{x-b}.$$

根据C-R条件

$$\psi_y=\varphi_x=\frac{-y}{(x+b)^2+y^2}+\frac{y}{(x-b)^2+y^2}.$$

两边对 y 积分,得

$$\begin{aligned}\psi(x,y)&=\int\left(\frac{-y}{(x+b)^2+y^2}+\frac{y}{(x-b)^2+y^2}\right)\mathrm{d}y\\&=\frac{1}{2}\ln\left[(x-b)^2+y^2\right]-\frac{1}{2}\ln\left[(x+b)^2+y^2\right]+c(x).\end{aligned}$$

又

$$\varphi_y=-\psi_x,$$

而

$$\psi_x=\frac{x-b}{(x-b)^2+y^2}-\frac{x+b}{(x+b)^2+y^2}+c'(x),$$

$$\varphi_y=\frac{x+b}{(x+b)^2+y^2}-\frac{x-b}{(x-b)^2+y^2},$$

故

$$c'(x)=0.$$

即

$$c(x)=c$$

为一常数，于是等位线方程为

$$\frac{1}{2}\ln[(x-b)^2+y^2]-\frac{1}{2}\ln[(x+b)^2+y^2]+c=c_1,$$

或

$$\ln\sqrt{\frac{(x-b)^2+y^2}{(x+b)^2+y^2}}=k_2(k_2=c_1-c).$$

复势为

$$f(z)=\left(\arctan\frac{y}{x+b}-\arctan\frac{y}{x-b}\right)+\mathrm{i}\ln\sqrt{\frac{(x-b)^2+y^2}{(x+b)^2+y^2}},$$

或

$$f(z)=\mathrm{i}\ln\left(\frac{z-b}{z+b}\right).$$

这是双曲线传输线所产生的电场. $f(z)$的支点$-b$及$+b$就是这个电场的正、负电荷位置.

通过以上的讨论，我们知道，利用解析函数对电场进行研究是十分理想的，它可以将对电场的电位和电通的研究联系起来，但找出这样的解析函数是极不容易的. 因此，一般是将问题反转过来，不是根据电场去找解析函数，而是先研究一些不同的解析函数，找出它们所表示的电场图形，再由这些电场图形，推导出带电导体的形状. 如此积累了一些电场图形与解析函数之间的关系，再由这些已知的关系，推出新电场的复势. 下面介绍一个由解析函数所表示的电场.

例 3.11 求由

$$f(z)=z^{\frac{1}{2}}$$

所表现的电场.

解 设

$$f(z)=u+\mathrm{i}v,$$

则

$$(u+\mathrm{i}v)^2=x+\mathrm{i}y,$$

故

$$u^2-v^2=x,2uv=y.$$

解两式得

$$y^2=4u^2(u^2-x),$$

或

$$y^2=4v^2(v^2+x).$$

令

$$u=k_1,$$

得电力线方程为

$$y^2=4k_1^2(k_1^2-x),$$

即

$$y^2=-2p(x-a)\quad(p=2k_1^2,a=k_1^2),$$

这就是抛物线.

令

$$v=k_2,$$

得等位线方程

$$y=4k_2^2(k_2^2+x),$$

即

$$y^2=2p(x+a)\ (p=2k_2^2,a=k_2^2),$$

这也是抛物线.

解析函数是复变函数的主要研究对象.本章的重点是理解复变函数的导数、解析函数、调和函数等基本概念;掌握判断函数可导与解析的方法;熟悉复变量的初等函数的解析性;掌握解析函数与调和函数的关系.

重点如下:

(1) 解析函数具有良好的性质.C-R 条件是判断函数可导和解析的主要条件,函数 $f(z)$在区域 D 内可微,等价于函数 $f(z)$在区域 D 内解析;但函数$f(z)$在一点 z 处可微,却不等于 $f(z)$在 z 处解析.

(2) 要掌握从已知的调和函数求共轭调和函数以及组成解析函数的方法.已知两个共轭和调函数 $u(x,y)$,$v(x,y)$,便可以构成解析函数 $u(x,y)+\mathrm{i}v(x,y)$;反之已知解析函数,则它的实部与虚部均为调和函数,且虚部是实部的共轭调和函数;随便给两个调和函数并不一定组成解析函数.

(3) 要清楚地认识复变量初等函数是相应的实变量初等函数在复平面上的推广,其关键是推广后的函数所具备的解析性.

(4) 讨论了解析函数在平面电场的应用,利用解析函数对电场进行研究,它可以将对电场的电位和电通的研究联系起来;同时也可以利用一些电场图形与解析函数之间的关系,推出新电场的复势.

习 题 三

3.1 选择题

(1) 函数 $f(z)=3|z|^2$ 在点 $z=0$ 处是(　　).

(A) 解析的　　(B) 可导的

(C) 不可导的　　(D) 既不解析也不可导

(2) 函数 $f(z)$在点 z 可导是 $f(z)$在点 z 解析的(　　).

(A) 充分不必要条件　　(B) 必要不充分条件

(C) 充分必要条件　　(D) 既非充分条件也非必要条件

(3) 下列命题中,正确的是(　　).

(A) 设 x,y 为实数,则 $|\cos(x+\mathrm{i}y)|\leqslant 1$

(B) 若 z_0 是函数 $f(z)$的奇点,则 $f(z)$在点 z_0 不可导

(C) 若 u,v 在区域 D 内满足柯西—黎曼方程,则 $f(z)=u+\mathrm{i}v$ 在 D 内解析

(D) 若 $f(z)$在区域 D 内解析,则 $\mathrm{i}f(z)$在 D 内也解析

(4) 下列函数中,为解析函数的是(　　).

(A) $x^2-y^2-2xy\mathrm{i}$　　(B) $x^2+xy\mathrm{i}$

(C) $2(x-1)y+\mathrm{i}(y^2-x^2+2x)$　　(D) $x^3+\mathrm{i}y^3$

(5) 函数 $f(z)=z^2\mathrm{Im}(z)$在 $z=0$ 处的导数等于(　　).

(A) 0　　(B) 1　　(C) -1　　(D) 不存在

(6) 若函数 $f(z)=x^2+2xy-y^2+\mathrm{i}(y^2-x^2+axy)$在复平面内处处解析,那么实常数 $a=$(　　).

(A) 0　　(B) 1　　(C) 2　　(D) -2

(7) 设 $f(z)=\sin z$,则下列命题中,不正确的是(　　).

(A) $f(z)$在复平面上处处解析　　(B) $f(z)$以 2π 为周期

(C) $f(z)=\dfrac{\mathrm{e}^{\mathrm{i}z}-\mathrm{e}^{-\mathrm{i}z}}{2}$　　(D) $|f(z)|$是无界的

(8) 设 c 为任意实常数,那么由调和函数 $u=x^2-y^2$ 确定的解析函数 $f(z)=u+\mathrm{i}v$ 是(　　).

(A) $\mathrm{i}z^2+c$　　(B) $\mathrm{i}z^2+\mathrm{i}c$

(C) z^2+c　　(D) $z^2+\mathrm{i}c$

(9) 下列命题中,正确的是(　　).

(A) 设 v_1,v_2 在区域 D 内均为 u 的共轭调和函数,则必有 $v_1=v_2$

(B) 解析函数的实部是虚部的共轭调和函数

(C) 若 $f(z)=u+\mathrm{i}v$ 在区域 D 内解析，则$\frac{\partial u}{\partial x}$为 D 内的调和函数

(D) 以调和函数为实部与虚部的函数是解析函数

(10) 设 $v(x,y)$在区域 D 内为 $u(x,y)$的共轭调和函数，则下列函数中为 D 内解析函数的是(　　).

(A) $v(x,y)+\mathrm{i}u(x,y)$　　(B) $v(x,y)-\mathrm{i}u(x,y)$

(C) $u(x,y)-\mathrm{i}v(x,y)$　　(D) $\frac{\partial u}{\partial x}-\mathrm{i}\frac{\partial v}{\partial x}$

3.2　填空题

(1) 设 $f(0)=1, f'(0)=1+\mathrm{i}$，则$\lim\limits_{z\to 0}\frac{f(z)-1}{z}=$__________.

(2) 导函数 $f'(z)=\frac{\partial u}{\partial x}+\mathrm{i}\frac{\partial v}{\partial x}$在区域 D 内解析的充要条件为__________.

(3) 设 $f(x)=x+\mathrm{i}y$，则 $f'(-\frac{3}{2}+\frac{3}{2}\mathrm{i})=$__________.

(4) 调和函数 $u(x,y)=xy$ 的共轭调和函数为__________.

(5) 若函数 $u(x,y)=x^3+axy^2$ 为某一解析函数的虚部，则常数 $a=$____.

(6) 设 $u(x,y)$的共轭调和函数为 $v(x,y)$，那么 $v(x,y)$的共轭调和函数为__________.

3.3　下列函数在何处可导？何处不可导？何处解析？何处不解析？

(1) $f(z)=\overline{z}\cdot z^2$；

(2) $f(z)=x^3-3xy^2+\mathrm{i}(3x^2y-y^3)$；

(3) $f(z)=x^2-\mathrm{i}y$；

(4) $f(z)=x^3+\mathrm{i}y^3$；

(5) $f(z)=xy^2+\mathrm{i}x^2y$.

3.4　确定函数$\frac{1}{z^2-1}$的解析区域和奇点，并求出导数.

3.5　若函数 $f(z)$在区域 D 内解析，并且$\overline{f(z)}$在区域 D 内解析，证明：$f(z)$为常数.

3.6　如果 $f(z)=u+\mathrm{i}v$ 是一解析函数，证明：$\overline{\mathrm{i}\,\overline{f(z)}}$也是解析函数.

3.7　若函数 $f(z), g(z)$在点 z_0 解析，且 $f(z_0)=g(z_0)=0, g'(z_0)\neq 0$，试证：$\lim\limits_{z\to z_0}\frac{f(z)}{g(z)}=\frac{f'(z_0)}{g'(z_0)}$.

3.8　证明 C－R 方程的极坐标形式为

$$\frac{\partial u}{\partial r}=\frac{1}{r}\frac{\partial v}{\partial \theta},\frac{\partial v}{\partial r}=-\frac{1}{r}\frac{\partial u}{\partial \theta}.$$

3.9 证明：$u=x^2-y^2$，$v=\dfrac{y}{x^2+y^2}$都是调和函数，但 $u+\mathrm{i}v$ 不是解析函数.

3.10 如果 $f(z)=u+\mathrm{i}v$ 为解析函数，证明：$-u$ 是 v 的共轭调和函数.

3.11 证明下列 u 或 v 为调和函数，并求解析函数 $f(z)=u+\mathrm{i}v$.

(1) $v=2xy+3x$；

(2) $u=\mathrm{e}^x(x\cos y-y\sin y)$，$f(0)=0$；

(3) $u=x^2-y^2+2x$；

(4) $u=2(x-1)y$，$f(0)=-\mathrm{i}$；

(5) $u=x^2+xy-y^2$，$f(\mathrm{i})=-1+\mathrm{i}$.

第 4 章　复变函数的积分

复变函数的积分(简称复积分)是研究解析函数的一个重要工具,解析函数的许多重要的性质都是通过复积分证明的.本章主要介绍柯西(Cauchy)定理和柯西积分公式,它们是解析函数的重要理论基础之一.

本章主要内容与实变量二元函数有紧密联系,特别是二元函数的第二型曲线积分的相关知识,希望读者能结合高等数学中的关于第二型曲线积分相关知识来学习本章.

§4.1　复积分的概念

4.1.1　复积分的定义

为了叙述简便而又不妨碍实际应用,今后我们所提到的曲线(除特别声明外),一律是指光滑的或逐段光滑的,因而也是可求长的曲线.曲线通常还要规定其方向,在开口弧的情形,这只要指出其始点与终点就行了.

逐段光滑的简单闭曲线简称围线.对于围线,规定逆时针方向为正方向,顺时针方向为负方向.

定义 4.1　设 C 是一条以 $z_0=a$ 为始点,$z_n=b$ 为终点的有向光滑的简单曲线(图 4.1),$f(z)$ 在 C 上有定义.顺着 C 的正向依次任取 $z_0,z_1,\cdots,z_{n-1},z_n$ $n+1$个分点,其中 $z_k=x_k+\mathrm{i}y_k$,把曲线分成 n 个小弧段,再从 z_{k-1} 到 z_k 的每一弧段上任取一点

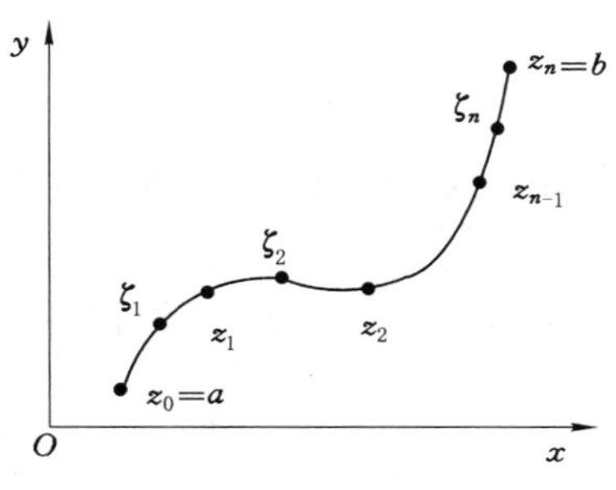

图 4.1

$$\zeta_k=\xi_k+\mathrm{i}\eta_k,$$

作成和式

$$S_n=\sum_{k=1}^{n}f(\zeta_k)\Delta z_k,$$

其中

$$\Delta z_k=z_k-z_{k-1}=\Delta x_k+\mathrm{i}\Delta y_k.$$

如果当分点无限增多,而这些弧段长度的最大值趋于零时,和式的极限总存在记为 J,且此极限值与 C 的分法及 ζ_k 的取法无关,则称 $f(z)$ 沿 C 从 a 到 b 可积,并记为

$$J=\int_C f(z)\mathrm{d}z,$$

其中,称 C 为积分路径.积分 J 存在时一般记为 $\int_C f(z)\mathrm{d}z$,而不写成 $\int_a^b f(z)\mathrm{d}z$.因为 J 的值不仅与 a,b 有关,而且和积分路径 C 有关.$\int_C f(z)\mathrm{d}z$ 表示 $f(z)$ 沿 C 的正方向的积分;$\int_{C^-} f(z)\mathrm{d}z$ 表示 $f(z)$ 沿 C 的负方向的积分;而闭曲线的积分表示为 $\oint_C f(z)\mathrm{d}z$.

如果把 z_k,Δz_k 和 ζ_k 用实部和虚部表示

$$z_k=x_k+\mathrm{i}y_k,\Delta z_k=z_k-z_{k-1}=\Delta x_k+\mathrm{i}\Delta y_k,\zeta_k=\xi_k+\mathrm{i}\eta_k,$$

$$f(z)=u(x,y)+\mathrm{i}v(x,y),f(\xi_k,\eta_k)=u(\xi_k,\eta_k)+\mathrm{i}v(\xi_k,\eta_k)=u_k+\mathrm{i}v_k,$$

则

$$\begin{aligned}\int_C f(z)\mathrm{d}z&=\lim_{n\to\infty}\sum_{k=1}^{n}[u_k+\mathrm{i}v_k]\cdot[\Delta x_k+\mathrm{i}\Delta y_k]\\&=\lim_{n\to\infty}\sum_{k=1}^{n}[(u_k\Delta x_k-v_k\Delta y_k)+\mathrm{i}(v_k\Delta x_k+u_k\Delta y_k)]\\&=\int_C u(x,y)\mathrm{d}x-v(x,y)\mathrm{d}y+\mathrm{i}\int_C v(x,y)\mathrm{d}x+u(x,y)\mathrm{d}y.\quad(4.1)\end{aligned}$$

即复积分可以归结为两个实变函数的线积分,根据线积分存在的条件可得复积分存在的条件.

定理 4.1 若 $f(z)=u(x,y)+\mathrm{i}v(x,y)$ 沿曲线 C 连续,则 $f(z)$ 沿 C 可积,且

$$\int_C f(z)\mathrm{d}z=\int_C u\mathrm{d}x-v\mathrm{d}y+\mathrm{i}\int_C v\mathrm{d}x+u\mathrm{d}y.$$

例 4.1 C 表示连接 a,b 的任一曲线,证明

(1) $\int_C \mathrm{d}z = b - a$；(2) $\int_C z\,\mathrm{d}z = \frac{1}{2}(b^2 - a^2)$.

证　(1) 取

$$f(z) = 1, S_n = \sum_{k=1}^{n} \Delta z_k = b - a.$$

令

$$\lambda = \max_{1 \leqslant k \leqslant n} |\Delta z_k|.$$

当 $\lambda \to 0$ 时

$$S_n \to b - a,$$

故

$$\int_C \mathrm{d}z = b - a.$$

(2) 取

$$f(z) = z, \zeta_k^{(1)} = z_{k-1} (k = 1, \cdots, n),$$

则

$$S_n^{(1)} = \sum_{k=1}^{n} z_{k-1}(z_k - z_{k-1}).$$

令

$$\lambda = \max_{1 \leqslant k \leqslant n} |\Delta z_k|,$$

则

$$\lim_{\lambda \to 0} S_n^{(1)} = \int_C z\,\mathrm{d}z.$$

取

$$\zeta_k^{(2)} = z_k (k = 0, 1, \cdots n - 1),$$

则

$$S_n^{(2)} = \sum_{k=1}^{n} z_k(z_k - z_{k-1}).$$

从而

$$\lim_{\lambda \to 0} S_n^{(2)} = \int_C z\,\mathrm{d}z.$$

于是

$$\begin{aligned}
\int_C z\,\mathrm{d}z &= \frac{1}{2} \lim_{\lambda \to 0} (S_n^{(1)} + S_n^{(2)}) \\
&= \frac{1}{2} \lim_{\lambda \to 0} \sum_{k=1}^{n} (z_k^2 - z_{k-1}^2) \\
&= \frac{1}{2}(b^2 - a^2).
\end{aligned}$$

4.1.2 复积分计算

利用定理 4.1 可把复积分的计算转化为实定积分的计算.

设有光滑曲线 C 的参数方程为：$z=z(t)=x(t)+\mathrm{i}y(t)(\alpha\leqslant t\leqslant\beta)$，$f(z)$沿 C 连续，将它代入式(4.1)右端，得

$$\begin{aligned}\int_C f(z)\mathrm{d}z&=\int_\alpha^\beta[u(x(t),y(t))x'(t)-v(x(t),y(t))y'(t)]\mathrm{d}t+\\&\quad\mathrm{i}\int_\alpha^\beta[v(x(t),y(t))x'(t)+u(x(t),y(t))y'(t)]\mathrm{d}t\\&=\int_\alpha^\beta[u(x(t),y(t))+\mathrm{i}v(x(t),y(t))][x'(t)+\mathrm{i}y'(t)]\mathrm{d}t\\&=\int_\alpha^\beta f(z(t))z'(t)\mathrm{d}t.\end{aligned}\tag{4.2}$$

例 4.2 计算$\oint_C\frac{\mathrm{d}z}{(z-z_0)^n}$，其中 n 为任意整数，C 为以 z_0 为中心，r 为半径的圆周.

解 C 的参数方程为

$$z=z_0+r\mathrm{e}^{\mathrm{i}\theta}\quad 0\leqslant\theta\leqslant 2\pi.$$

由式(4.2)得

$$\begin{aligned}\oint_C\frac{\mathrm{d}z}{(z-z_0)^n}&=\int_0^{2\pi}\frac{\mathrm{i}r\mathrm{e}^{\mathrm{i}\theta}}{r^n\mathrm{e}^{\mathrm{i}n\theta}}\mathrm{d}\theta=\frac{\mathrm{i}}{r^{n-1}}\int_0^{2\pi}\mathrm{e}^{-\mathrm{i}(n-1)\theta}\mathrm{d}\theta\\&=\frac{\mathrm{i}}{r^{n-1}}\int_0^{2\pi}\cos(n-1)\theta\mathrm{d}\theta+\frac{1}{r^{n-1}}\int_0^{2\pi}\sin(n-1)\theta\mathrm{d}\theta\\&=\begin{cases}2\pi\mathrm{i}, & n=1,\\0, & n\neq 1.\end{cases}\end{aligned}$$

此例的结果比较重要，以后会经常用到. 以上的结果与积分路径圆周的中心和半径无关，请注意这一点.

例 4.3 计算$\int_C\mathrm{Re}(z)\mathrm{d}z$，其中积分路径 C 如图 4.2 所示 .

(1) 从原点到点 $1+\mathrm{i}$ 的直线段；

(2) 从原点到点 1 的直线段，以及连接由点 1 到 $1+\mathrm{i}$ 的直线段所组成的折线.

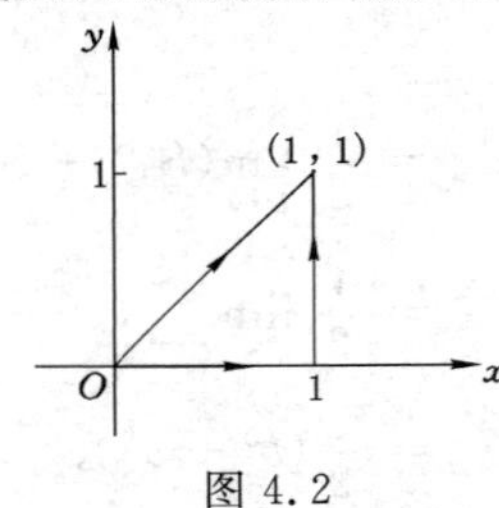

图 4.2

解　(1) 连接原点及 $1+\mathrm{i}$ 的直线段的参数方程为

$$z(t)=t+\mathrm{i}t \quad (0\leqslant t\leqslant 1).$$

根据式(4.2)得

$$\int_c \mathrm{Re}(z)\mathrm{d}z=\int_0^1\{\mathrm{Re}[t+\mathrm{i}t]\}(1+\mathrm{i})\mathrm{d}t=(1+\mathrm{i})\int_0^1 t\mathrm{d}t=\frac{1+\mathrm{i}}{2}.$$

(2) 连接原点到点1的直线段的参数方程为

$$z=t \quad (0\leqslant t\leqslant 1).$$

连接点1与 $1+\mathrm{i}$ 的直线段的参数方程为

$$z(t)=(1-t)+(1+\mathrm{i})t \quad (0\leqslant t\leqslant 1),$$

即

$$z=1+\mathrm{i}t \quad (0\leqslant t\leqslant 1),$$

故

$$\begin{aligned}\int_c \mathrm{Re}\,(z)\mathrm{d}z&=\int_0^1 \mathrm{Re}\,(t)\mathrm{d}t+\int_0^1[\mathrm{Re}(1+\mathrm{i}t)]\mathrm{i}\mathrm{d}t\\&=\int_0^1 t\mathrm{d}t+\mathrm{i}\int_0^1\mathrm{d}t=\frac{1}{2}+\mathrm{i}.\end{aligned}$$

由此例可以看出,积分路径不同,积分结果可以不同.

例 4.4　计算 $\int_C z\mathrm{d}z$,其中积分路径 C 为从原点到点 $1+i$ 的任一线段.

解　因

$$\begin{aligned}\int_C z\mathrm{d}z&=\int_C(x+\mathrm{i}y)(\mathrm{d}x+\mathrm{i}\mathrm{d}y)\\&=\int_C(x\mathrm{d}x-y\mathrm{d}y)+\mathrm{i}\int_C(y\mathrm{d}x+x\mathrm{d}y).\end{aligned}$$

由高等数学的第二类曲线积分知识可知,右边的两个积分都与路径无关,所以 $\int_C z\mathrm{d}z$ 的值,不论对怎样的连接原点到点 $1+\mathrm{i}$ 的曲线,积分值相同.因此,可取积分路径为连接原点及 $1+\mathrm{i}$ 的直线段,其参数方程为

$$z(t)=t+\mathrm{i}t \quad (0\leqslant t\leqslant 1).$$

故

$$\int_C z\mathrm{d}z=\int_0^1(1+\mathrm{i})^2 t\mathrm{d}t=(1+\mathrm{i})^2\int_0^1 t\mathrm{d}t=\frac{1}{2}(1+\mathrm{i})^2.$$

由此例可以看出,积分路径不同,积分结果也可以相同.

4.1.3　复积分的性质

由式(4.1)可知,复积分的实部和虚部都是曲线积分,因此,曲线积分的一些基本性质对复积分也成立.

设 $f(z)$ 与 $g(z)$ 沿曲线 C 连续，则

(1) $\int_C af(z)\mathrm{d}z = a\int_C f(z)\mathrm{d}z$，$a$ 是复常数；

(2) $\int_C [f(z)\pm g(z)]\mathrm{d}z = \int_C f(z)\mathrm{d}z \pm \int_C g(z)\mathrm{d}z$；

(3) $\int_C f(z)\mathrm{d}z = \int_{C_1} f(z)\mathrm{d}z + \int_{C_2} f(z)\mathrm{d}z$，其中 C 是由曲线 C_1 和 C_2 衔接而成；

(4) $\int_{C^-} f(z)\mathrm{d}z = -\int_C f(z)\mathrm{d}z$；

(5) $\left|\int_C f(z)\mathrm{d}z\right| \leqslant \int_C |f(z)||\mathrm{d}z| = \int_C |f(z)|\mathrm{d}s$.

这里 $|\mathrm{d}z|$ 表示弧长的微分，即

$$|\mathrm{d}z| = \sqrt{(\mathrm{d}x)^2+(\mathrm{d}y)^2} = \mathrm{d}s.$$

只要对下列不等式取极限，便可得性质(5)，即

$$\left|\sum_{k=1}^{n} f(\zeta_k)\Delta z_k\right| \leqslant \sum_{k=1}^{n} |f(\zeta_k)||\Delta z_k| \leqslant \sum_{k=1}^{n} |f(\zeta_k)|\Delta s_k.$$

定理 4.2 （积分估值）若沿曲线 C，函数 $f(z)$ 连续，且有正数 M 使 $|f(z)|\leqslant M$，L 为曲线 C 之长，则

$$\left|\int_C f(z)\mathrm{d}z\right| \leqslant ML.$$

证 由不等式

$$\left|\sum_{k=1}^{n} f(\zeta_k)\Delta z_k\right| \leqslant M\sum_{k=1}^{n} |\Delta z_k| = ML,$$

取极限即得证.

例 4.5 证明：$\left|\int_C \frac{\mathrm{d}z}{z^2}\right| \leqslant 2$，其中 C 为连接 i 和 $2+\mathrm{i}$ 的直线段.

证 积分路径 C 的参数方程为

$$z=\mathrm{i}+t(2+\mathrm{i}-\mathrm{i})=2t+\mathrm{i} \quad t\in[0,1].$$

由于 $\frac{1}{z^2}$ 沿 C 连续，且

$$\left|\frac{1}{z^2}\right| = \left|\frac{1}{(2t+\mathrm{i})^2}\right| = \frac{1}{4t^2+1} \leqslant 1,$$

又

$$L=|2+\mathrm{i}-\mathrm{i}|=2,$$

故

$$\left|\int_C \frac{dz}{z^2}\right| \leqslant 1 \cdot 2 = 2.$$

例 4.6　证明：$\left|\int_{|z|=r} \frac{dz}{(z-a)(z+a)}\right| \leqslant \frac{2\pi r}{|r^2-|a|^2|}(r>0, |a| \neq r)$.

证　由于

$$|z^2-a^2| \geqslant ||z|^2-|a|^2|,$$
$$|z| \neq |a|,$$

于是

$$\left|\int_{|z|=r} \frac{dz}{(z-a)(z+a)}\right| \leqslant \int_{|z|=r} \frac{|dz|}{|(z^2-a^2)|}$$
$$\leqslant \int_{|z|=r} \frac{ds}{|r^2-|a|^2|} = \frac{2\pi r}{|r^2-|a|^2|}.$$

证毕.

§4.2　柯西积分定理

4.2.1　柯西积分定理

从上节的例子可以看出，复积分的值可能与路径有关也可能无关，因此产生一个重要的问题：函数在什么条件下积分值与路径无关？

既然复变函数积分可以转化为实函数线积分，因此解决复函数积分与路径无关的问题，自然要归结为线积分与路径无关的问题. 1825 年法国数学家柯西解决了这个问题，说明单连通区域内的解析函数的复积分与路径无关. 它是复变函数的核心定理，常称为柯西积分定理.

我们知道复积分可以化为两个实变积分$\int_C u dx - v dy$ 和$\int_C v dx + u dy$，而实变函数积分$\int_C u dx - v dy$ 只取决于起点和终点而跟路径无关的条件，也就是它沿闭合回路的积分为零的条件是偏导数$\frac{\partial u}{\partial y}$，$\frac{\partial v}{\partial x}$ 连续，且在闭合回路所围闭区域上有$\frac{\partial u}{\partial y} = -\frac{\partial v}{\partial x}$；同理，实变函数积分$\int_C v dx + u dy$ 沿闭合回路的积分为零的条件是$\frac{\partial v}{\partial y}$，$\frac{\partial u}{\partial x}$ 连续，且$\frac{\partial v}{\partial y} = \frac{\partial u}{\partial x}$. 这些条件也就是复变积分$\int_C f(z) dz$ 与路径无关的条件，亦即回路积分$\oint_C f(z) dz = 0$ 的条件. 以上条件正是柯西—黎曼条件，即解析函数满足以上条件，复积分与路径无关. 由此得出：

定理 4.3　(柯西积分定理)设 G 为复平面上的单连通区域，C 为 G 内的任

意一条简单闭曲线,若 $f(z)$ 在 G 内解析,则

$$\oint_C f(z)\mathrm{d}z = 0.$$

证 因 $f(z)$ 在 G 内解析,故 $f'(z)$ 存在,此时 $f'(z)$ 必连续(证明 $f'(z)$ 连续比较复杂,舍去).因 u 与 v 的一阶偏导数存在且连续,故应用 Green 公式得

$$\begin{aligned}\oint_C f(z)\mathrm{d}z &= \int_c u\mathrm{d}x - v\mathrm{d}y + \mathrm{i}\int_c u\mathrm{d}y + v\mathrm{d}x \\ &= -\iint_D\left(\frac{\partial v}{\partial x}+\frac{\partial u}{\partial y}\right)\mathrm{d}x\mathrm{d}y + \mathrm{i}\iint_D\left(\frac{\partial u}{\partial x}-\frac{\partial v}{\partial y}\right)\mathrm{d}x\mathrm{d}y,\end{aligned}$$

其中,D 为简单闭曲线 C 所围成的区域.由于 $f(z)$ 解析,满足 C-R 条件,因此

$$\oint_C f(z)\mathrm{d}z = 0.$$

根据柯西积分定理,本节开始所提出的问题便可以回答了,即

定理 4.4 设 $f(z)$ 在复平面上的单连通区域 G 内解析,则 $f(z)$ 在 G 内积分与路径无关,即对 G 内任意两点 z_0 与 z_1 积分

$$\int_{z_0}^{z_1} f(z)\mathrm{d}z$$

之值,不依赖于 G 内连接起点 z_0 与终点 z_1 的曲线.

证 取 G 内任意两点 z_0 与 z_1,设起点为 z_0,终点为 z_1.C_1,C_2 为连接 z_0 与 z_1 的任意曲线,且 C_1,C_2 连接成一个简单闭曲线 C,则

$$0 = \int_C f(z)\mathrm{d}z = \int_{C_1} f(z)\mathrm{d}z + \int_{C_2^-} f(z)\mathrm{d}z,$$

从而

$$\int_{C_1} f(z)\mathrm{d}z = -\int_{C_2^-} f(z)\mathrm{d}z = \int_{C_2} f(z)\mathrm{d}z.$$

例 4.7 计算积分 $\int_C \frac{1}{(z+2)^2}\mathrm{d}z$,其中 C 是下半圆周:$|z| = 1$,起点为 -1,终点为 1.

解 因 $\frac{1}{(z+2)^2}$ 在 $\mathrm{Re}\,(z)\geqslant 0, z\neq 0$ 上解析,由柯西积分定理,它的积分与路径无关,于是可以换一条积分路径.可以取积分路径 C_1 为沿实轴从 -1 到 1.于是有

$$\int_C \frac{1}{(z+2)^2}\mathrm{d}z = \int_{C_1} \frac{1}{(z+2)^2}\mathrm{d}z = \int_{-1}^{1} \frac{1}{(x+2)^2}\mathrm{d}x = -\frac{1}{x+2}\bigg|_{-1}^{1} = \frac{2}{3}.$$

我们从另一个方面再推广柯西积分定理,即将柯西积分定理从以一条(单)闭曲线为边界的有界单连通区域,推广到以多条闭曲线组成边界的有界多连通区域.

根据柯西定理，如果 $f(z)$ 在闭曲线 C 及其内部是解析函数，则$\oint_C f(z)\mathrm{d}z = 0$. 但如果在 C 所围区域内不是解析的，而是包含有奇点，则柯西定理不成立. 若我们作一圆曲线 L 将奇点围住，而把 L 所围小区域挖去，这样就得到一个有洞的复连通区域.

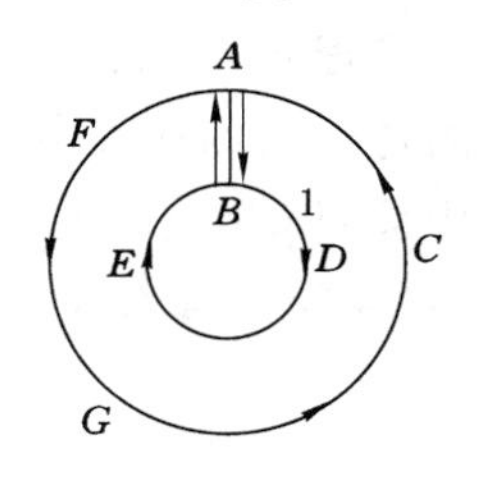

图 4.3

为了应用柯西定理，必须将复连通区域变为单连通区域. 假设闭曲线 C 内只有一个孤立奇点，为此，作割线 AB 连接外境界线 C 和内境界线 L，单连通区域的正方向如图 4.3 所示，在该区域上 $f(z)$解析.

由柯西积分定理得

$$\int_{ABDEBAFGA} f(z)\mathrm{d}z = 0,$$

即

$$\int_{AB} f(z)\mathrm{d}z + \int_L f(z)\mathrm{d}z + \int_{BA} f(z)\mathrm{d}z + \int_C f(z)\mathrm{d}z = 0,$$

又

$$\int_{AB} f(z)\mathrm{d}z = -\int_{BA} f(z)\mathrm{d}z,$$

所以

$$\int_L f(z)\mathrm{d}z + \int_C f(z)\mathrm{d}z = 0,$$

所以

$$\int_C f(z)\mathrm{d}z = -\int_L f(z)\mathrm{d}z = \int_{L^-} f(z)\mathrm{d}z.$$

即沿内、外境界线逆时针方向积分相同.

由以上分析，可将柯西积分定理推广得柯西积分定理复围线形式，即

定理 4.5　设 C_1，C_2 是两条简单闭曲线，C_2 在 C_1 内部. $f(z)$在 C_1 与 C_2 所围成的复连通域 G 内解析，而在 $\overline{G}=G+C_1+C_2^-$ 上连续，则

$$\oint_{C_1} f(z)\mathrm{d}z = \oint_{C_2} f(z)\mathrm{d}z.$$

其中，C_1，C_2 均取逆时针方向.

很容易将定理 4.5 从单个奇点推广到 n 个奇点的情形. 假设 C 内包含着 n 个孤立奇点，作 n 个围线 C_1，C_2，…，C_n 分别将 n 个奇点围住(C_1，C_2，…，C_n 互不包含，互不相交)，把 C_1，C_2，…，C_n 所围区域一同挖去，这样有

$$\oint_C f(z)\mathrm{d}z - \left[\oint_{C_1} f(z)\mathrm{d}z + \oint_{C_2} f(z)\mathrm{d}z + \cdots + \oint_{C_n} f(z)\mathrm{d}z\right] = 0,$$

即

$$\oint_C f(z)\mathrm{d}z = \left[\oint_{C_1} f(z)\mathrm{d}z + \oint_{C_2} f(z)\mathrm{d}z + \cdots + \oint_{C_n} f(z)\mathrm{d}z\right].$$

定理 4.6 设有 $n+1$ 条简单闭曲线 $C_0, C_1, C_2, \cdots, C_n$，其中 $C_1, C_2, \cdots, C_n$ 中的每一条均在其余各条的外部，而它们又全都在 C_0 的内部；又设 G 为由 C_0 的内部与 $C_1, C_2, \cdots, C_n$ 的外部相交的部分组成的复连通区域，若 $f(z)$ 在 G 内解析，且在闭区域 $\overline{G}$ 上连续，则

$$\oint_{C_0+C_1^-+\cdots+C_n^-} f(z)\mathrm{d}z = 0.$$

即

$$\oint_{C_0} f(z)\mathrm{d}z = \left[\oint_{C_1} f(z)\mathrm{d}z + \oint_{C_2} f(z)\mathrm{d}z + \cdots + \oint_{C_n} f(z)\mathrm{d}z\right],$$

其中，$C_0, C_1, \cdots, C_n$ 均取逆时针方向.

例 4.8 设 a 为简单闭曲线 C 内部一点，证明

$$\int_C \frac{1}{(z-a)^n}\mathrm{d}z = \begin{cases} 2\pi\mathrm{i}, & n=1, \\ 0, & n \neq 1. \end{cases}$$

证 在 C 内 $f(z)=\dfrac{1}{(z-a)^n}$ 有一个奇点 a，以 a 为心，作一圆 C_1 包含于C 内，如图 4.4 所示.

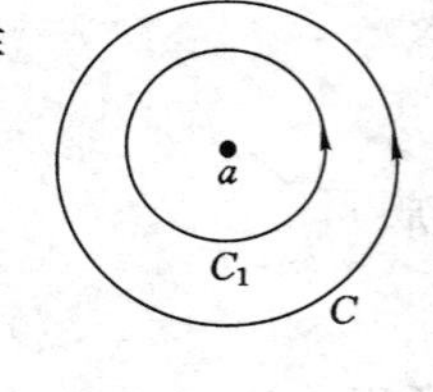

图 4.4

由定理 4.5 得

$$\int_C \frac{1}{(z-a)^n}\mathrm{d}z = \int_{C_1} \frac{1}{(z-a)^n}\mathrm{d}z.$$

由例 4.2 的结果得

$$\int_C \frac{1}{(z-a)^n}\mathrm{d}z = \int_{C_1} \frac{1}{(z-a)^n}\mathrm{d}z = \begin{cases} 2\pi\mathrm{i}, & n=1, \\ 0, & n \neq 1. \end{cases}$$

例 4.9 计算$\displaystyle\int_C \frac{1}{z^2-1}\mathrm{d}z$，此处 $C: |z|=2$.

解 $f(z)=\dfrac{1}{z^2-1}$在$|z|=2$ 内有两个奇点 $z=1$ 和 $z=-1$，分别以 $z=1$ 和 $z=-1$ 为圆心，$\dfrac{1}{2}$为半径作两个圆周 C_1, C_2，如图 4.5 所示，则

$$\oint_C f(z)\mathrm{d}z = \oint_{C_1} f(z)\mathrm{d}z + \oint_{C_2} f(z)\mathrm{d}z.$$

由于

$$\frac{1}{z^2-1} = \frac{1}{(z+1)(z-1)} = \frac{1}{2}\left[\frac{1}{z-1} - \frac{1}{z+1}\right],$$

所以

$$\oint_C \frac{1}{z^2-1}\mathrm{d}z = \frac{1}{2}\oint_{C_1} \frac{1}{z-1}\mathrm{d}z - \frac{1}{2}\oint_{C_1} \frac{1}{z+1}\mathrm{d}z + \frac{1}{2}\oint_{C_2} \frac{1}{z-1}\mathrm{d}z - \frac{1}{2}\oint_{C_2} \frac{1}{z+1}\mathrm{d}z.$$

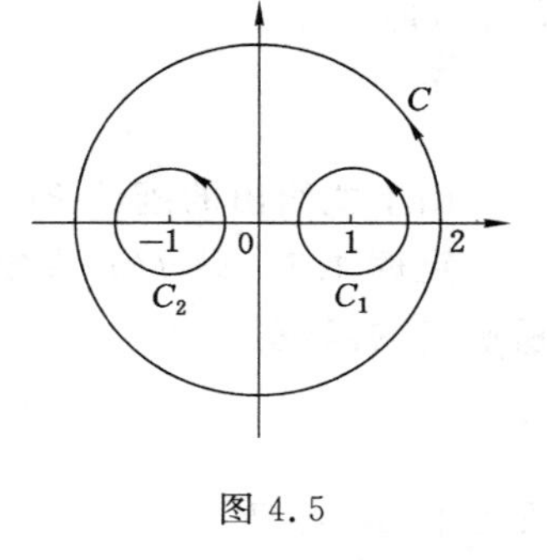

图 4.5

由于$\frac{1}{z+1}$在 C_1 及其内部是解析函数，

所以

$$\oint_{C_1} \frac{1}{z+1}\mathrm{d}z = 0,$$

由例 4.8 可得

$$\oint_{C_1} \frac{\mathrm{d}z}{z-1} = 2\pi\mathrm{i},$$

所以

$$\oint_{C_1} \frac{1}{z^2-1}\mathrm{d}z = \frac{1}{2}\cdot 2\pi\mathrm{i} = \pi\mathrm{i}.$$

同理可得

$$\oint_{C_2} \frac{1}{z^2-1}\mathrm{d}z = \frac{1}{2}\oint_{C_2} \frac{1}{z-1}\mathrm{d}z - \frac{1}{2}\oint_{C_2} \frac{1}{z+1}\mathrm{d}z = 0 - \frac{1}{2}\cdot 2\pi\mathrm{i} = -\pi\mathrm{i}.$$

所以

$$\oint_C \frac{1}{z^2-1}\mathrm{d}z = \pi\mathrm{i} - \pi\mathrm{i} = 0.$$

4.2.2　解析函数的积分

柯西积分定理实际上已经给出了积分与路径无关的充分条件.这就是说，如果 $f(z)$在单连通区域 G 内解析，则沿区域 G 内的简单曲线 C 的积分

$$\int_C f(\zeta)\mathrm{d}\zeta$$

只与 C 的起点 z_0 和终点 z 有关，而与 C 的路径无关，对于这样的积分，我们约定写成

$$\int_{z_0}^{z} f(\zeta)\mathrm{d}\zeta,$$

并把 z_0 和 z 分别称为积分的下限和上限.

当下限 z_0 固定而上限 z 在 G 内变动时，则由积分$\int_{z_0}^{z} f(\zeta)\mathrm{d}\zeta$定义了上限 z 的一个函数.与高等数学类似，可引进不定积分的概念，而不定积分是与变上限积分密切相关的.不同的是对复函数情形，积分可能与路径有关，从而变上限积分可能不是单值函数.而若在单连通区域 G 内解析，则由柯西积分定理，积分与路径无关，从而变上限积分是唯一确定的单值函数.将该单值函数记为

$F(z)$，即

$$F(z)=\int_{z_0}^{z} f(\zeta)\mathrm{d}\zeta.$$

由上式给出的函数 $F(z)$ 具有以下重要性质：

定理 4.7 设 $f(z)$ 在复平面上的单连通区域 G 内解析，则由变上限的积分所确定的函数

$$F(z)=\int_{z_0}^{z} f(\zeta)\mathrm{d}\zeta$$

在 G 内解析，且

$$F'(z)=f(z).$$

证明 要证明 $F'(z)=f(z)$，即证明

$$\lim_{\Delta z\to 0}\frac{F(z+\Delta z)-F(z)}{\Delta z}=f(z),$$

按照极限的定义，需要证明 $\forall\,\varepsilon>0$，$\exists\,\delta>0$，当 $|\Delta z|<\delta$ 时，有

$$\left|\frac{F(z+\Delta z)-F(z)}{\Delta z}-f(z)\right|<\varepsilon.$$

为此先计算

$$\frac{F(z+\Delta z)-F(z)}{\Delta z}=\frac{1}{\Delta z}\left[\int_{z_0}^{z+\Delta z} f(\zeta)\mathrm{d}\zeta-\int_{z_0}^{z} f(\zeta)\mathrm{d}\zeta\right].$$

由于积分与路径无关，$z_0\to z+\Delta z$，可看成 $z_0\to z\to z+\Delta z$，其中 $z\to z+\Delta z$ 积分路线为直线段，如图 4.6 所示．

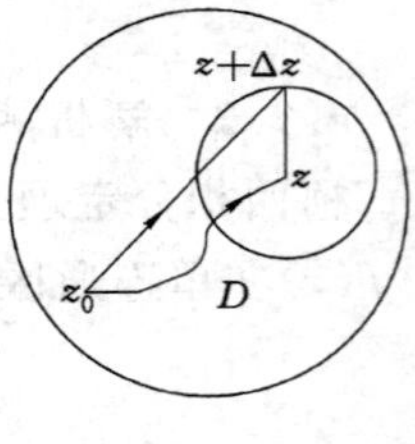

于是有

$$\int_{z_0}^{z+\Delta z} f(\zeta)\mathrm{d}\zeta=\int_{z_0}^{z} f(\zeta)\mathrm{d}\zeta+\int_{z}^{z+\Delta z} f(\zeta)\mathrm{d}\zeta,$$

图 4.6

即

$$\frac{F(z+\Delta z)-F(z)}{\Delta z}=\frac{1}{\Delta z}\int_{z}^{z+\Delta z} f(\zeta)\mathrm{d}\zeta.$$

由积分

$$\frac{1}{\Delta z}\int_{z}^{z+\Delta z}\mathrm{d}\zeta=1,$$

得

$$f(z)=\frac{1}{\Delta z}\int_{z}^{z+\Delta z} f(z)\mathrm{d}\zeta.$$

所以

$$\frac{F(z+\Delta z)-F(z)}{\Delta z}-f(z)=\frac{1}{\Delta z}\int_{z}^{z+\Delta z}[f(\zeta)-f(z)]\mathrm{d}\zeta.$$

由于 $f(z)$在 G 上连续，对于 $\forall\varepsilon>0$，存在 $\delta>0$，当 $|\zeta-z|<\delta$，有

$$|f(\zeta)-f(z)|<\varepsilon,$$

因此，只要 $|\Delta z|<\delta$，同时分点落在以 z 点为圆心，$|\Delta z|$ 为半径的圆内，就有

$$|f(\zeta)-f(z)|<\varepsilon.$$

所以

$$\left|\frac{F(z+\Delta z)-F(z)}{\Delta z}-f(z)\right|=\left|\frac{1}{\Delta z}\int_{z}^{z+\Delta z}[f(\zeta)-f(z)]\mathrm{d}\zeta\right|$$

$$\leqslant\frac{1}{|\Delta z|}\int_{z}^{z+\Delta z}|f(\zeta)-f(z)||\mathrm{d}\zeta|\leqslant\frac{1}{|\Delta z|}\cdot\varepsilon|\Delta z|=\varepsilon.$$

基于定理 4.7，我们引入原函数的概念.

定义 4.2　若 $f(z)$在单连通区域 G 内解析，且在区域 G 内满足 $F'(z)=f(z)$，则函数 $F(z)$称为 $f(z)$在 G 内的一个原函数.

容易证明，若 $F(z)$是 $f(z)$的一个原函数，则对于任意常数 C，$F(z)+C$ 都是 $f(z)$的原函数；而 $f(z)$的所有原函数必可表示为 $F(z)+C$. 利用这个关系，我们可以推得与高等数学中的牛顿—莱布尼茨公式类似的解析函数的积分计算公式.

定理 4.8　设 $f(z)$在复平面上的单连通区域 G 内解析，$F(z)$是 $f(z)$的一个原函数，则

$$\int_{z_0}^{z_1}f(z)\mathrm{d}z=F(z_1)-F(z_0),$$

其中，z_0，z_1 为 G 内的点.

有了定理 4.8，计算解析函数的复积分就方便了，高等数学中求不定积分的一套方法可以直接移植过来. 由此可得，求解析函数的积分问题归结为求其原函数的问题.

例 4.10　计算$\int_a^b z\cos z^2\mathrm{d}z$.

解　因为 $z\cos z^2$ 在复平面上解析，且$\left(\frac{1}{2}\sin z^2\right)'=z\cos z^2$，所以$\frac{1}{2}\sin z^2$ 为 $z\cos z^2$ 的一个原函数，所以

$$\int_a^b z\cos z^2\mathrm{d}z=\frac{1}{2}(\sin b^2-\sin a^2).$$

例 4.11　计算$\int_C\ln(1+z)\mathrm{d}z$，其中 C 是从 $-\mathrm{i}$ 到 i 的直线段.

解　因为 $\ln(1+z)$是在全平面除去负实轴上一段 $x\leqslant-1$ 的区域 G 内为单值解析，又区域 G 时单连通的，故定理 4.8 适用，所以

$$\int_C \ln(1+z)\mathrm{d}z = z\ln(1+z)\Big|_{-\mathrm{i}}^{\mathrm{i}} - \int_{-\mathrm{i}}^{\mathrm{i}} \frac{z}{1+z}\mathrm{d}z$$

$$= \mathrm{i}\ln(1+\mathrm{i}) + \mathrm{i}\ln(1-\mathrm{i}) - \int_{-\mathrm{i}}^{\mathrm{i}}\left(1-\frac{1}{1+z}\right)\mathrm{d}z$$

$$= \mathrm{i}\ln(1+\mathrm{i}) + \mathrm{i}\ln(1-\mathrm{i}) - [z - \ln(1+z)]_{-\mathrm{i}}^{\mathrm{i}}$$

$$= (-2 + \ln 2 + \frac{\pi}{2})\mathrm{i}.$$

§4.3 柯西积分公式

4.3.1 柯西积分公式

我们利用定理 4.5(柯西积分定理复围线形式)导出一个用边界值表示解析函数内部值的积分公式.

定理 4.9 (柯西积分公式) 设简单闭曲线 C 为区域 G 的边界，$f(z)$在 G 内解析，在 $\overline{G}=G+C$ 上连续，则对于区域 G 内任一点 z，有

$$f(z) = \frac{1}{2\pi\mathrm{i}}\int_C \frac{f(\xi)}{\xi - z}\mathrm{d}\xi.$$

证明 设 z 为 G 内任意一点，则 $F(\xi)=\dfrac{f(\xi)}{\xi-z}$在 G 内除点 z 外均解析. 以 z 点为圆心，充分小的 $\rho>0$ 为半径作圆周 γ_ρ，使 γ_ρ 及其内部均含于 G 内，由定理 4.5 得

$$\int_C \frac{f(\xi)}{\xi - z}\mathrm{d}\xi = \int_{\gamma_\rho} \frac{f(\xi)}{\xi - z}\mathrm{d}\xi.$$

由

$$\int_{\gamma_\rho} \frac{1}{\xi - z}\mathrm{d}\xi = 2\pi\mathrm{i},$$

得

$$2\pi\mathrm{i}f(z) = f(z)\int_{\gamma_\rho} \frac{1}{\xi - z}\mathrm{d}\xi.$$

由于 $f(z)$与积分变量无关，所以

$$2\pi\mathrm{i}f(z) = f(z)\int_{\gamma_\rho} \frac{1}{\xi - z}\mathrm{d}\xi = \int_{\gamma_\rho} \frac{f(z)}{\xi - z}\mathrm{d}\xi.$$

下面证明

$$\int_{\gamma_\rho} \frac{f(\xi) - f(z)}{\xi - z}\mathrm{d}\xi = 0.$$

根据 $f(\xi)$的连续性，对任意 $\varepsilon>0$，必存在 $\delta>0$，当$|\xi-z|<\delta$，有

$$|f(\xi)-f(z)|<\varepsilon.$$

因此只要取 $\rho<\delta$，则当 ξ 满足 $|\xi-z|=\rho$ 时，就有

$$|f(\xi)-f(z)|<\varepsilon.$$

于是

$$\left|\int_{\gamma_\rho}\frac{f(\xi)-f(z)}{\xi-z}\mathrm{d}\xi\right|\leqslant\int_{\gamma_\rho}\frac{|f(\xi)-f(z)|}{|\xi-z|}|\mathrm{d}\xi|<\int_{\gamma_\rho}\frac{\varepsilon}{\rho}|\mathrm{d}\xi|$$

$$=\frac{\varepsilon}{\rho}\cdot 2\pi\rho=2\pi\varepsilon.$$

所以当 $\varepsilon\to 0^+$ 时，有

$$\int_{\gamma_\rho}\frac{f(\xi)-f(z)}{\xi-z}\mathrm{d}\xi=0.$$

即

$$\int_{\gamma_\rho}\frac{f(\xi)}{\xi-z}\mathrm{d}\xi=\int_{\gamma_\rho}\frac{f(z)}{\xi-z}\mathrm{d}\xi=2\pi\mathrm{i}f(z).$$

又

$$\int_C\frac{f(\xi)}{\xi-z}\mathrm{d}\xi=\int_{\gamma_\rho}\frac{f(\xi)}{\xi-z}\mathrm{d}\xi,$$

所以

$$\int_C\frac{f(\xi)}{\xi-z}\mathrm{d}\xi=2\pi\mathrm{i}f(z),$$

即

$$f(z)=\frac{1}{2\pi\mathrm{i}}\int_C\frac{f(\xi)}{\xi-z}\mathrm{d}\xi.$$

这就是柯西积分公式，它是解析函数的积分表达式，因而是今后我们研究解析函数各种局部性质的重要工具.

柯西积分公式可以改写成

$$\int_C\frac{f(\xi)}{\xi-z}\mathrm{d}\xi=2\pi\mathrm{i}f(z).$$

借此公式可以计算某些围线积分(指路径是围线的积分).

可将柯西积分公式推广到复连通区域上得：

定理 4.10　设 C_1,C_2 是两条简单闭曲线，C_2 在 C_1 内部. $f(\xi)$在 C_1 与 C_2 所围成的复连通域 G 内解析，而在 $\overline{G}=G+C_1+C_2^-$ 上连续，z 为 G 内任一点，则

$$f(z)=\frac{1}{2\pi\mathrm{i}}\int_{C_1}\frac{f(\xi)}{\xi-z}\mathrm{d}\xi-\frac{1}{2\pi\mathrm{i}}\int_{C_2}\frac{f(\xi)}{\xi-z}\mathrm{d}\xi.$$

例 4.12　计算积分 $\displaystyle\int_C\frac{\xi}{(9-\xi^2)(\xi+\mathrm{i})}\mathrm{d}\xi$，其中 $C:|\xi|=2$.

解 因 $f(\xi)=\frac{\xi}{9-\xi^2}$在闭圆$|\xi|\leqslant 2$上解析，由柯西积分公式得

$$\int_C \frac{\xi}{(9-\xi^2)(\xi+\mathrm{i})}\mathrm{d}\xi = \int_C \frac{\frac{\xi}{(9-\xi^2)}}{\xi-(-\mathrm{i})}\mathrm{d}\xi$$

$$= 2\pi\mathrm{i}\frac{\xi}{(9-\xi^2)}\bigg|_{\xi=-\mathrm{i}} = \frac{\pi}{5}.$$

例 4.13 计算积分$\int_{|z|=2}\frac{z}{z^2-1}\mathrm{d}z$.

解 由于被积函数在积分路径内部含有两个奇点 $z=-1$ 和 $z=1$，所以用“挖奇点”法来计算.

作 $C_1:|z+1|=\frac{1}{2}$，$C_2:|z-1|=\frac{1}{2}$，有

$$\int_{|z|=2}\frac{z}{z^2-1}\mathrm{d}z = \int_{C_1}\frac{z}{z^2-1}\mathrm{d}z + \int_{C_2}\frac{z}{z^2-1}\mathrm{d}z.$$

计算上式右端两个积分，得

$$\int_{C_1}\frac{z}{z^2-1}\mathrm{d}z = \int_{C_1}\frac{\frac{z}{z-1}}{z+1}\mathrm{d}z = \int_{C_1}\frac{\frac{z}{z-1}}{z-(-1)}\mathrm{d}z$$

$$= 2\pi\mathrm{i}\left[\frac{z}{z-1}\right]_{z=-1} = \pi\mathrm{i}.$$

$$\int_{C_2}\frac{z}{z^2-1}\mathrm{d}z = \int_{C_2}\frac{\frac{z}{z+1}}{z-1}\mathrm{d}z = 2\pi\mathrm{i}\left[\frac{z}{z+1}\right]_{z=1} = \pi\mathrm{i}.$$

故

$$\int_{|z|=2}\frac{z}{z^2-1}\mathrm{d}z = 2\pi\mathrm{i}.$$

4.3.2 最大模原理

作为定理 4.9 的特殊情形，有如下的解析函数的平均值定理.

定理 4.11 （平均值公式）若 $f(z)$在$|\xi-z_0|<R$内解析，在$|\xi-z_0|\leqslant R$上连续，则

$$f(z_0) = \frac{1}{2\pi}\int_0^{2\pi} f(z_0+R\mathrm{e}^{\mathrm{i}\varphi})\mathrm{d}\varphi,$$

即 $f(z_0)$在圆心 z_0 的值等于它在圆周上的值的算术平均数.

证 设圆周$|\xi-z_0|=R$，则

$$\xi - z_0 = R\mathrm{e}^{\mathrm{i}\varphi} \quad 0\leqslant\varphi\leqslant 2\pi,$$

或

$$\xi = z_0 + Re^{i\varphi}.$$

则

$$d\xi = iRe^{i\varphi}d\varphi.$$

由柯西积分公式，得

$$\begin{aligned} f(z_0) &= \frac{1}{2\pi i}\int_C \frac{f(\xi)}{\xi - z_0}d\xi \\ &= \frac{1}{2\pi i}\int_0^{2\pi} \frac{f(z_0 + Re^{i\varphi})iRe^{i\varphi}d\varphi}{Re^{i\varphi}} \\ &= \frac{1}{2\pi}\int_0^{2\pi} f(z_0 + Re^{i\varphi})d\varphi. \end{aligned}$$

由平均值公式还可以推出解析函数的一个重要性质，即解析函数的最大模原理.

定理 4.12　(最大模原理)设函数 $f(z)$在区域 G 内解析，又 $f(z)$不是常数，则在 G 内 $|f(z)|$没有最大值.

证　记$\max\limits_{z\in G}|f(z)| = M$. 若 $M = +\infty$，则定理结论成立. 现设 $M < +\infty$，用反证法，若 G 内有一点 z_0，使$|f(z_0)| = M$，则由定理 4.11，只要圆盘$|z - z_0| < R$ 含于G，就有

$$f(z_0) = \frac{1}{2\pi}\int_0^{2\pi} f(z_0 + re^{i\varphi})d\varphi \quad (0 \leqslant r \leqslant R).$$

于是

$$M = |f(z_0)| \leqslant \frac{1}{2\pi}\int_0^{2\pi} |f(z_0 + re^{i\varphi})|d\varphi \leqslant M.$$

由此推出

$$\frac{1}{2\pi}\int_0^{2\pi} |f(z_0 + re^{i\varphi})|d\varphi = M.$$

可以证明，在$|z - z_0| < R$ 内$|f(z)| \equiv M$. 再由 $f(z)$在 G 内解析，可知，在$|z - z_0| < R$ 内 $f(z)$恒为一常数，此常数的模为 M.

以上证明了若 G 内有一点 z_0 使$|f(z_0)| = M$，则只要圆盘$|z - z_0| < R$ 含于G，在$|z - z_0| < R$ 内 $f(z)$恒为一个模为 M 的常数. 记 $f(z) = Me^{i\alpha}$，可以利用以上的结果证明，在整个 G 内 $f(z)$恒等于常数.

推论 4.1　在区域 G 内解析的函数，若其模在 G 的内点达到最大值，则此函数必恒为常数.

推论 4.2　若函数 $f(z)$在有界区域 G 内解析的函数，在 $\overline{G}$ 上连续，则 $f(z)$必在 G 的边界上达到最大模.

解析函数的最大模原理,是解析函数的一个非常重要的原理.它说明了一个解析函数的模,在区域内部的任何一点都达不到最大值,除非这个函数恒等于常数.同时,最大模原理在实际上也有很大的应用,它在流体力学上反映了平面稳定流动在无源无旋的区域内流速的最大值不能在区域内达到,而只能在边界上达到,除非它是等速流动.

例 4.14 设 $f(z)$在$|z|\leqslant R$ 上解析,若存在 $a>0$,当$|z|=R$ 时

$$|f(z)|>a,$$

而且

$$|f(0)|<a,$$

则在$|z|<R$ 内,$f(z)$至少有一个零点.

证 反证法.设 $f(z)$在$|z|<R$ 内无零点.又已知 $f(z)$在$|z|=R$ 有$|f(z)|>a>0$,无零点,且 $f(z)$在$|z|\leqslant R$ 上解析.

故

$$F(z)=\frac{1}{f(z)}$$

在$|z|\leqslant R$ 上解析.

此时

$$|F(0)|=\left|\frac{1}{f(0)}\right|>\frac{1}{a},$$

且在$|z|=R$ 上

$$|F(z)|=\left|\frac{1}{f(z)}\right|<\frac{1}{a},$$

于是 $F(z)$必为非常数,在$|z|=R$ 上

$$|F(z)|<|F(0)|.$$

由最大模原理,这就得到矛盾,故假设不成立,定理得证.

§4.4 解析函数的高阶导数

4.4.1 解析函数的高阶导数

在高等数学中,实函数的一阶导数存在,并不能保证其高阶导数存在.而在复变函数中,解析函数的任意阶导数都存在.

我们将柯西积分公式形式地在积分号下对 z 求导后得

$$f'(z)=\frac{1}{2\pi i}\int_C\frac{f(\xi)}{(\xi-z)^2}d\xi\ (z\in G).$$

再一次求导可得

$$f''(z)=\frac{2!}{2\pi i}\int_C \frac{f(\xi)}{(\xi-z)^3}d\xi\ (z\in G).$$

下面我们对这些公式的正确性加以说明.

定理 4.13　(高阶导数公式)设 G 是以围线 C 为边界的单连通区域,若 $f(z)$在 G 内解析,且在 $\overline{G}$ 上连续,则 $f(z)$在区域 G 内有各阶导数,并且有

$$f^{(n)}(z)=\frac{n!}{2\pi i}\int_C \frac{f(\xi)}{(\xi-z)^{n+1}}d\xi\ (z\in G)(n=1,2,\cdots).$$

上式叫作解析函数的高阶导数公式.

下面我们来对这一定理做些分析说明.

首先,我们对柯西公式

$$f(z)=\frac{1}{2\pi i}\int_C \frac{f(\xi)}{\xi-z}d\xi$$

两边求导,对右边交换求导与积分的次序,得一阶导数的柯西积分公式.继续求导,重复同样的操作,即得高阶导数的柯西积分公式.但这样的做法显然是不严格的,因为求导与积分交换次序的合法性并未得到证明.然而,这一做法能帮助我们熟悉高阶导数公式,并使得我们能够在记得柯西积分公式的情况下立即将高阶导数公式求出来.

其次,我们看看怎样可以做得严格一些.以 $n=1$ 为例,对 z 和 $z+\Delta z$ 分别用柯西积分公式,可得

$$\frac{\Delta f}{\Delta z}=\frac{f(z+\Delta z)-f(z)}{\Delta z}=\frac{1}{2\pi i}\int_C \frac{f(\xi)}{(\xi-z)(\xi-z-\Delta z)}d\xi .$$

两边取 $\Delta z\to 0$ 的极限,对右边交换求极限与积分的次序,得一阶导数的柯西积分公式.类似可得高阶导数公式.

必须指出,这样的做法仍然是不严格的,因为求极限与积分交换次序的合法性也未得到证明.

严格的做法是:以 $n=1$ 为例,证明 $\forall\varepsilon>0$,总可找到 $\delta>0$,使得

$$\left|\frac{\Delta f}{\Delta z}-\frac{1}{2\pi i}\int_C \frac{f(\xi)}{(\xi-z)^2}d\xi\right|=\frac{1}{2\pi}\left|\int_C \frac{f(\xi)\Delta z}{(\xi-z)^2(\xi-z-\Delta z)}d\xi\right|<\varepsilon .$$

证略.

我们可以从两方面应用高阶导数公式:一方面用求积分来代替求导数;另一方面则是用求导数的方法来计算积分,即

$$\int_C \frac{f(\xi)}{(\xi-z)^{n+1}}d\xi=\frac{2\pi i}{n!}f^{(n)}(z),$$

从而为某些积分的计算开辟了新的途径.

例 4.15　计算 $\int_C \frac{\cos z}{(z-i)^3}dz$,其中 C:$|z-i|=1$.

解 函数 $\cos z$ 在 $|z-\mathrm{i}|\leqslant 1$ 上解析,由高阶导数公式得

$$\int_C \frac{\cos z}{(z-\mathrm{i})^3}\mathrm{d}z = \frac{2\pi\mathrm{i}}{2!}(\cos z)''\big|_{z=\mathrm{i}}$$

$$=-\pi\mathrm{i}\cos\mathrm{i} = -\frac{\pi\mathrm{i}}{2}(\mathrm{e}^{-1}+\mathrm{e}).$$

例 4.16 计算积分 $\int_C \frac{z^4}{(z-1)^5}\mathrm{d}z$,其中 $C:|z-1|=1$.

解 函数 z^4 在 $|z-1|\leqslant 1$ 上解析,由高阶导数公式得

$$\int_{|z-1|=1} \frac{z^4}{(z-1)^5}\mathrm{d}z = \frac{2\pi\mathrm{i}}{4!}(z^4)^{(4)}\big|_{z=1} = 2\pi\mathrm{i}.$$

4.4.2 代数学基本定理

利用高阶导数公式可以得出一个很有用的导数的估计式.

定理 4.14 (柯西不等式)设函数 $f(z)$ 在 $|z-z_0|<R$ 内解析,又 $|f(z)|\leqslant M(|z-z_0|<R)$,则有

$$|f^{(n)}(z_0)|\leqslant\frac{n!\,M}{R^n}\ (n=1,2,\cdots).$$

证 对于任意的 $R_1:0<R_1<R$,$f(z)$ 在 $|z-z_0|\leqslant R_1$ 上解析,故由高阶导数公式有

$$f^{(n)}(z_0)=\frac{n!}{2\pi\mathrm{i}}\int_{|z-z_0|=R_1}\frac{f(z)}{(z-z_0)^{n+1}}\mathrm{d}z\ (n=1,2,\cdots).$$

估计右端的模得

$$|f^{(n)}(z_0)|\leqslant\frac{n!}{2\pi\mathrm{i}}\int_{|z-z_0|=R_1}\frac{|f(z)|}{|(z-z_0)|^{n+1}}|\mathrm{d}z|\leqslant\frac{n!M}{R_1{}^n}.$$

令 $R_1\to R$,得

$$|f^{(n)}(z_0)|\leqslant\frac{n!\,M}{R^n}.$$

应用柯西不等式可以推出另一个重要定理.

定理 4.15 (刘维尔定理)设函数 $f(z)$ 在全平面上解析且有界,则 $f(z)$ 为一常数.

证 设 z_0 是平面上任意一点,对于正数 R,$f(z)$ 在 $|z-z_0|<R$ 内解析,又 $f(z)$ 在全平面上有界,设 $|f(z)|\leqslant M$,由柯西不等式得

$$|f'(z_0)|\leqslant\frac{M}{R}.$$

令 $R\to\infty$,得

$$|f'(z_0)|=0.$$

由 z_0 的任意性知,在全平面上有

$$f'(z)\equiv 0.$$

故 $f(z)$ 为一常数.

应用刘维尔定理可以很简洁地证明.

定理 4.16　(代数学基本定理)在 z 平面上,n 次多项式

$$f(z)=a_0z^n+a_1z^{n-1}+\cdots+a_n \quad (a_0\neq 0)$$

至少有一个零点.

证　反证法. 设 $f(z)$ 在 z 平面上无零点. 由于 $f(z)$ 在 z 平面上是解析的,则 $\frac{1}{f(z)}$ 在 z 平面上也必解析.

下证 $\frac{1}{f(z)}$ 在 z 平面上有界.

由于

$$\lim_{z\to\infty} f(z)=\lim_{z\to\infty} z^n\left(a_0+a_1\frac{1}{z}+\cdots+a_n\frac{1}{z^n}\right)=\infty,$$

所以

$$\lim_{z\to\infty}\frac{1}{f(z)}=0,$$

故存在充分大的正数 R,使当 $|z|>R$ 时

$$\left|\frac{1}{f(z)}\right|<1,$$

又 $\frac{1}{f(z)}$ 在闭圆 $|z|\leqslant R$ 上连续,故存在 M 使得

$$\left|\frac{1}{f(z)}\right|<M,$$

从而在 z 平面上

$$\left|\frac{1}{f(z)}\right|<M+1,$$

于是,$\frac{1}{f(z)}$ 在 z 平面上是解析且有界的,由刘维尔定理得 $\frac{1}{f(z)}$ 必为常数,即 $f(z)$ 为常数. 这与定理的假设矛盾,故定理得证.

§4.5　复积分的应用

复分析的发展是与流体力学密切联系的,现在我们把问题深入一步,看复积分是如何应用于流体力学的.

流量与环量　设流体在 z 平面上某一区域 G 内流动,$V(z)=p+q\mathrm{i}$ 是在点

z处的流速，其中 $p=p(x,y)$，$q=q(x,y)$分别是 $V(z)$的水平及垂直分速，并且假定它们是连续的.

现考察流体单位时间内流过以 A 为起点，B 为终点的有向曲线 γ 一侧的流量. 为此，取弧元 $\mathrm{d}s$，n 为其单位法向量. 显然，在单位时间内流过 $\mathrm{d}s$ 的流量为 $V_n\mathrm{d}s$（V_n 是 V 在 n 上的投影），再乘以流体层的厚度以及流体的密度（取厚度为一个单位长，密度为 1）. 因此这个流量值就是

$$V_n\mathrm{d}s.$$

这里 $\mathrm{d}s$ 为切向量 $\mathrm{d}z=\mathrm{d}x+\mathrm{i}\mathrm{d}y$ 之长. 当 V 与 n 夹角为锐角时，流量为 $V_n\mathrm{d}s$ 为正；夹角为钝角时为负.

令

$$\tau=\frac{\mathrm{d}x}{\mathrm{d}s}+\mathrm{i}\frac{\mathrm{d}y}{\mathrm{d}s}$$

是顺 γ 正向的单位切向量. 故 n 恰好可由 τ 旋转 $-\frac{\pi}{2}$得到，即

$$n=\mathrm{e}^{-\frac{\pi}{2}\mathrm{i}}\tau=-\mathrm{i}\tau=\frac{\mathrm{d}y}{\mathrm{d}s}-\mathrm{i}\frac{\mathrm{d}x}{\mathrm{d}s}.$$

于是即得 V 在 n 上的投影为

$$V_n=p\frac{\mathrm{d}y}{\mathrm{d}s}-q\frac{\mathrm{d}x}{\mathrm{d}s}.$$

以 N_γ 表示单位时间内流过 γ 的流量，则

$$N_\gamma=\int_\gamma\left(p\frac{\mathrm{d}y}{\mathrm{d}s}-q\frac{\mathrm{d}x}{\mathrm{d}s}\right)\mathrm{d}s=\int_\gamma-q\mathrm{d}x+p\mathrm{d}y.$$

在流体力学中，还有一个重要的概念，即流速的环量. 环量定义为：流速在曲线 γ 上的切线分速，沿着该曲线的积分，用 V_γ 表示，于是

$$V_\gamma=\int_\gamma(p\frac{\mathrm{d}x}{\mathrm{d}s}+q\frac{\mathrm{d}y}{\mathrm{d}s})\mathrm{d}s=\int_\gamma p\mathrm{d}x+q\mathrm{d}y.$$

现在我们可以借助于复积分来表示环量和流量. 为此，我们以 i 乘 N_γ，再与 V_γ 相加得

$$\begin{aligned}V_\gamma+\mathrm{i}N_\gamma&=\int_\gamma p\mathrm{d}x+q\mathrm{d}y+\mathrm{i}\int_\gamma-q\mathrm{d}x+p\mathrm{d}y\\&=\int_\gamma(p-q\mathrm{i})(\mathrm{d}x+\mathrm{i}\mathrm{d}y),\end{aligned}$$

即

$$V_\gamma+\mathrm{i}N_\gamma=\int_\gamma\overline{V(z)}\mathrm{d}z.$$

我们称$\overline{V(z)}$为复速度.

本章研究了解析函数的积分理论，在引入复函数积分概念与积分性质的基础上，给出了解析函数的柯西积分定理，进而得到柯西积分公式，使得闭区域上一点的函数值与其边界上的积分相联系，从而揭示了解析函数的一些内在联系.

从柯西积分公式又得到了一系列的推论，如平均值公式、最大模原理等，每一个推论都有独立的应用和理论价值.

从本章的讨论还可以知道高阶导数是柯西积分公式的发展，它是十分重要的结果，它证明了解析函数的导数仍是解析函数，它显示了解析函数的导数可用函数本身的某种积分来表达.

本章的最后我们给出了复积分在流体力学中的应用——流量与环量.

在学习本章时，要特别注意与积分理论密切结合的积分计算问题. 在绝大多数情况下，复积分的计算都是应用某些定理、公式来进行的. 要弄清楚积分计算的各种情况：何时用单连通区域的柯西积分定理；何时用复连通区域的柯西积分定理；柯西积分公式适用于计算怎么样的积分；高阶导数公式又适用于计算怎么样的积分，只有弄清楚了这些问题，我们才能真正掌握计算积分的技巧.

习　题　四

4.1　选择题

(1) 设 C 为从原点沿 $y^2 = x$ 至 $1+\mathrm{i}$ 的弧段，则 $\int_C (x+\mathrm{i}y^2)\mathrm{d}z =$ (　　).

(A) $\frac{1}{6}-\frac{5}{6}\mathrm{i}$　　(B) $-\frac{1}{6}+\frac{5}{6}\mathrm{i}$

(C) $-\frac{1}{6}-\frac{5}{6}\mathrm{i}$　　(D) $\frac{1}{6}+\frac{5}{6}\mathrm{i}$

(2) 设 C 为不经过点 1 与 -1 的正向简单闭曲线，则 $\oint_C \frac{z}{(z-1)(z+1)^2}\mathrm{d}z$ 为(　　).

(A) $\frac{\pi \mathrm{i}}{2}$　　(B) $-\frac{\pi \mathrm{i}}{2}$

(C) 0　　(D) (A)(B)(C)都有可能

(3) 设 $C_1: |z|=1$ 为负向，$C_2: |z|=3$ 正向，则 $\oint_{C=C_1+C_2} \frac{\sin z}{z^2}\mathrm{d}z =$ (　　).

(A) $-2\pi\mathrm{i}$　　(B) 0　　(C) $2\pi\mathrm{i}$　　(D) $4\pi\mathrm{i}$

(4) 设 C 为正向圆周 $|z|=2$，则 $\oint_C \frac{\cos z}{(1-z)^2}\mathrm{d}z =$ (　　).

(A) $-\sin 1$　　(B) $\sin 1$　　(C) $-2\pi i\sin 1$　　(D) $2\pi i\sin 1$

(5) 设 C 为正向圆周 $|z|=\frac{1}{2}$，则 $\oint_C \frac{z^3\cos\frac{1}{z-2}}{(1-z)^2}dz=$ (　　).

(A) $2\pi i(3\cos 1-\sin 1)$　　(B) 0

(C) $6\pi i\cos 1$　　(D) $-2\pi i\sin 1$

(6) 设 $f(z)=\oint_{|\zeta|=4}\frac{e^{\zeta}}{\zeta-z}d\zeta$，其中 $|z|\neq 4$，则 $f'(\pi i)=$ (　　).

(A) $-2\pi i$　　(B) -1

(C) $2\pi i$　　(D) 1

(7) 设 $f(z)$ 在单连通域 B 内处处解析且不为零，C 为 B 内任何一条简单闭曲线，则积分 $\oint_C \frac{f''(z)+2f'(z)+f(z)}{f(z)}dz=$ (　　).

(A) $2\pi i$　　(B) $-2\pi i$

(C) 0　　(D) 不能确定

(8) 设 C 是从 0 到 $1+\frac{\pi}{2}i$ 的直线段，则积分 $\int_C ze^z dz=$ (　　).

(A) $1-\frac{\pi e}{2}$　　(B) $-1-\frac{\pi e}{2}$

(C) $1+\frac{\pi e}{2}i$　　(D) $1-\frac{\pi e}{2}i$

(9) 设 C 为正向圆周 $x^2+y^2-2x=0$，则 $\oint_C \frac{\sin\frac{\pi}{4}z}{z^2-1}dz=$ (　　).

(A) $\frac{\sqrt{2}}{2}\pi i$　　(B) $\sqrt{2}\pi i$

(C) 0　　(D) $-\frac{\sqrt{2}}{2}\pi i$

(10) 设 C 为正向圆周 $|z-i|=1$，$a\neq i$，则 $\oint_C \frac{z\cos z}{(a-i)^2}dz=$ (　　).

(A) $2\pi ie$　　(B) $\frac{2\pi i}{e}$

(C) 0　　(D) $i\cos i$

4.2　填空题

(1) 设 C 为沿原点 O 到点 $1+i$ 的直线段，则 $\int_C 2\bar{z}dz=$ ________.

(2) 设 C 为正向圆周 $|z-4|=1$，则 $\int_C \frac{z^2-3z+2}{(z-4)^2}dz=$ ________.

(3) 设 $f(z)=\oint_{|\zeta|=2}\dfrac{\sin\left(\frac{\pi}{2}\zeta\right)}{\zeta-z}\mathrm{d}\zeta$，其中 $|z|\neq 2$，则 $f'(3)=$__________.

(4) 设 C 为正向圆周 $|z|=3$，则 $\oint_C\dfrac{z+\bar{z}}{|z|}\mathrm{d}z=$__________.

(5) 设 C 为负向圆周 $|z|=4$，则 $\oint_C\dfrac{\mathrm{e}^z}{(z-\pi\mathrm{i})^5}\mathrm{d}z=$__________.

(6) 设 $f(z)$ 在单连通域 D 内连续，且对于 D 内任何一条简单闭曲线 C 都有 $\oint_C f(z)\mathrm{d}z=0$，那么 $f(z)$ 在 D 内__________.

4.3　计算积分

(1) $\oint_{|z|=R}\dfrac{6z}{(z^2-1)(z+2)}\mathrm{d}z$，其中 $R>0,R\neq 1,2$；

(2) $\oint_{|z|=2}\dfrac{1}{z^4+2z^2+2}\mathrm{d}z$；

(3) $\int_{|z|=1}\dfrac{\mathrm{e}^z}{z-2}\mathrm{d}z$；

(4) $\int_{|z|=2}\dfrac{\mathrm{e}^z}{z-1}\mathrm{d}z$；

(5) $\int_{|z|=1}\dfrac{\mathrm{e}^z}{z^{101}}\mathrm{d}z$；

(6) $\int_{|z|=3}\dfrac{1}{(z-\mathrm{i})(z+1)}\mathrm{d}z$；

(7) $\int_{|z|=2}\dfrac{\mathrm{e}^z}{z(z-\mathrm{i})^4}\mathrm{d}z$；

(8) $\int_{|z|=3}\dfrac{1}{(z^2+1)(z^2+4)}\mathrm{d}z$.

4.4　设 $f(z)$ 在单连通域 B 内解析，且满足 $|1-f(z)|<1$，证：

(1) 在 B 内处处有 $f(z)\neq 0$；

(2) 对于 B 内任意一条闭曲线 c，都有 $\oint_C\dfrac{f''(z)}{f(z)}\mathrm{d}z=0$.

4.5　设 $f(z)$ 在圆域 $|z-a|<R$ 内解析，若 $\max\limits_{|z-a|=r}|f(z)|=M(r)\ (0<r<R)$，证明

$$|f^{(n)}(a)|\leqslant\frac{n!\ M(r)}{r^n}\quad(n=1,2,\cdots).$$

4.6　求积分 $\oint_{|z|=1}\dfrac{\mathrm{e}^z}{z}\mathrm{d}z$，从而证明 $\int_0^{\pi}\mathrm{e}^{\cos\theta}\cos(\sin\theta)\mathrm{d}\theta=\pi$.

4.7　设 $f(z)$ 在复平面上处处解析且有界，对于任意给定的两个复数 a,b，

试求极限 $\lim\limits_{R\to+\infty}\oint_{|z|=R}\dfrac{f(z)}{(z-a)(z-b)}\mathrm{d}z$. 并由此推证 $f(a)=f(b)$(刘维尔定理).

4.8　设 $f(z)$ 在 $|z|<R$ 内解析，且 $f(0)=1, f'(0)=2$，试计算积分 $\oint_{|z|=1}(z+1)^2\dfrac{f(z)}{z^2}\mathrm{d}z$，并由此得出 $\int_0^{2\pi}\cos^2\dfrac{\theta}{2}f(\mathrm{e}^{i\theta})\mathrm{d}\theta$ 之值.

4.9　计算积分 $\int_C\dfrac{1}{3z^2+z}\mathrm{d}z$，其中 C：$|z|=5$.

第 5 章　傅立叶变换

人们在处理工程中的一些实际问题的时候，常常采用某些手段将问题进行转换，从另外的角度去解决问题，这反映在数学上就是所谓的变换. 傅立叶变换实际上就是通过一个含参数变量的广义积分把一个函数变换成了另外一个函数的一种变换，它在许多领域都有重要的应用，特别是在信号分析领域，至今它仍然是最基本的分析与处理工具，甚至可以说信号分析在本质上就是傅氏分析. 从本质上讲，傅立叶变换就是把复杂事物拆分成简单事物的组合这种化整为零的思想方法的具体体现，它有助于我们更深刻地认识事物，把握其本质属性，同时它把时域与频域有机地联系起来，把一些复杂运算转变成简单运算，更有助于我们方便地解决一些问题.

傅立叶变换在诸如电子工程、无线电技术、力学以及电子物理学等许多领域发挥了重要作用，在当今数字时代它必将与时俱进并发挥更加重要的作用.

§5.1　傅立叶积分

傅立叶变换及其逆变换实际上就是傅立叶积分运算. 在高等数学中我们知道一个周期函数可以展开为傅立叶级数，但对于定义在整个实轴上的非周期函数，它就无能为力了，下面我们将从周期函数的傅立叶级数出发，形式地推导出适用于非周期函数的傅立叶积分公式.

5.1.1　傅立叶级数

1804 年，傅立叶首次提出“在有限区间上由任意图形定义的任意函数都可以表示为单纯的正弦与余弦函数之和”，实际上可延拓为周期函数的函数必须满足一定的条件才能做到这一点. 我们知道，如果周期函数满足狄利克莱(Dirichlet)条件(简称狄式条件)就可以分解为一系列正、余弦函数之和. 从信号分析的角度来说就是：任何满足狄式条件的信号都可以分解成直流分量与一系列谐波分量之和.

假设 $f_T(t)$ 是以 T 为周期且满足狄式条件的周期函数，那么在 $f_T(t)$ 的连续点处有

$$f_T(t)=\frac{a_0}{2}+\sum_{n=1}^{+\infty}(a_n\cos n\omega_0 t+b_n\sin n\omega_0 t),\tag{5.1}$$

其中

$$\omega_0=\frac{2\pi}{T},$$

$$a_n=\frac{2}{T}\int_{-\frac{T}{2}}^{\frac{T}{2}}f_T(t)\cos n\omega_0 t\mathrm{d}t\quad(n=0,1,2,\cdots),$$

$$b_n=\frac{2}{T}\int_{-\frac{T}{2}}^{\frac{T}{2}}f_T(t)\sin n\omega_0 t\mathrm{d}t\quad(n=0,1,2,\cdots).$$

从物理的观点来看,a_0 实际上就是函数 $f_T(t)$的平均值,也就是直流分量. 当 $n=1$ 时,$a_1\cos\omega_0 t$ 与 $b_1\cos\omega_0 t$ 合成一个角频率为 $\omega_0=\frac{2\pi}{T}$的正弦分量,称为基波分量,ω_0 为基波频率. 当 $n>1$ 时,$a_n\cos n\omega_0 t$ 与 $b_n\sin n\omega_0 t$ 合成一个角频率为 $n\omega_0$ 的正弦分量,称为 n 次谐波分量,$n\omega_0$ 称为 n 次谐波频率.

利用欧拉公式,并令

$$c_0=\frac{a_0}{2},c_n=\frac{a_n-\mathrm{j}b_n}{2},c_{-n}=\frac{a_n+\mathrm{j}b_n}{2}\quad(n=1,2,\cdots).$$

则得式(5.1)的指数形式

$$f_T(t)=\sum_{n=-\infty}^{+\infty}c_n\mathrm{e}^{\mathrm{j}n\omega_0 t},\tag{5.2}$$

其中

$$c_n=\frac{1}{T}\int_{-\frac{T}{2}}^{\frac{T}{2}}f_T(t)\mathrm{e}^{-\mathrm{j}n\omega_0 t}\mathrm{d}t\quad(n=0,\pm1,\pm2,\cdots).\tag{5.3}$$

将复数 c_n 写作 $c_n=r_n\mathrm{e}^{\mathrm{j}\varphi_n}$,则可得到函数的另一种三角形式的傅立叶级数

$$f_T(t)=c_0+\sum_{n=1}^{+\infty}2|c_n|\cos(n\omega_0 t+\varphi_n).\tag{5.4}$$

由此可见,复数 c_n 的模与幅角反映了信号 $f_T(t)$的频率为 $n\omega_0$ 的简谐波的振幅与相位,它们完全刻画了信号 $f_T(t)$的频率特性. 所有出现的诸振动的振幅和相位的全体称为 $f_T(t)$所描述的自然现象的频谱,称 c_n 为 $f_T(t)$的离散频谱,$|c_n|$为离散振幅谱,$\arg c_n$ 为离散相位谱. 信号频谱是由 c_n 所决定的,因此,对 $f_T(t)$的频谱分析只要讨论 $c_0,c_1,\cdots,c_n,\cdots$就足够了.

例 5.1 求以 T 为周期的函数

$$f_T(t)=\begin{cases}1,0<t\leqslant\frac{T}{2}\\0,-\frac{T}{2}<t\leqslant0\end{cases}$$

的离散频谱与它的傅立叶级数的复指数形式.

解　令 $\omega_0=\dfrac{2\pi}{T}$，当 $n=0$ 时

$$c_0=\frac{1}{T}\int_{-\frac{T}{2}}^{\frac{T}{2}}f_T(t)\,\mathrm{d}t=\frac{1}{T}\int_0^{\frac{T}{2}}\mathrm{d}t=\frac{1}{2}.$$

当 $n\neq0$ 时

$$\begin{aligned}c_n&=\frac{1}{T}\int_{-\frac{T}{2}}^{\frac{T}{2}}f_T(t)\,\mathrm{e}^{-\mathrm{j}n\omega_0t}\,\mathrm{d}t\\&=\frac{1}{T}\int_0^{\frac{T}{2}}\mathrm{e}^{-\mathrm{j}n\omega_0t}\,\mathrm{d}t=\frac{\mathrm{j}}{2n\pi}\left(\mathrm{e}^{-\mathrm{j}\frac{n\omega_0T}{2}}-1\right)\\&=\frac{\mathrm{j}}{2n\pi}\left(\mathrm{e}^{-n\pi\mathrm{j}}-1\right)=\begin{cases}-\dfrac{\mathrm{j}}{n\pi}, & \text{当 } n \text{ 为奇数},\\0, & \text{当 } n \text{ 为偶数}.\end{cases}\end{aligned}$$

故 $f_T(t)$ 的傅立叶级数的复指数形式为

$$f_T(t)=\frac{1}{2}-\sum_{n=-\infty}^{+\infty}\frac{\mathrm{j}}{(2n-1)\pi}\cdot\mathrm{e}^{\mathrm{j}(2n-1)\omega_0t}.$$

其振幅谱为

$$|c_n|=\begin{cases}\dfrac{1}{2}, & n=0,\\0, & n=\pm2,\pm4,\cdots,\\\dfrac{1}{|n|\pi}, & n=\pm1,\pm3,\cdots.\end{cases}$$

相位谱为

$$\arg c_n=\begin{cases}0, & n=0,\pm2,\pm4,\cdots,\\-\dfrac{\pi}{2}, & n=1,3,5,\cdots,\\\dfrac{\pi}{2}, & n=-1,-3,-5,\cdots.\end{cases}$$

其图形如图 5.1 所示.

5.1.2　傅立叶积分公式

周期信号可以用傅立叶级数来表示，那么，非周期信号会是怎样的情形呢？

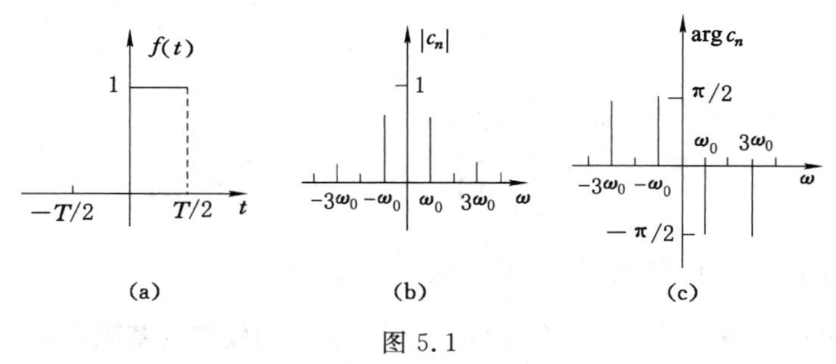

图 5.1

下面我们先来直观的分析一下.从傅立叶级数可以看出,以 T 为周期的周期信号 $f_T(t)$所包含的频谱是离散的而不是连续的,它是由一系列以 $\omega_0=\frac{2\pi}{T}$为间隔的离散频谱所形成的简谐波合成的,因而其频谱以 ω_0 为间隔离散取值,当 T 增大时,ω_0 就减小;而当 $T\to+\infty$时,周期函数也就变成了非周期函数,其频谱将在 ω 轴上连续取值,即一个非周期信号将包含所有的频率成分.如此离散函数的求和也就相应地变成连续函数的积分了.

任何一个非周期函数 $f(t)$都可以看成是由某个周期函数 $f_T(t)$当 $T\to+\infty$时转化而来的,由式(5.2)和式(5.3)可以推得

$$f_T(t)=\lim_{T\to+\infty}f_T(t)=\lim_{T\to+\infty}\sum_{n=-\infty}^{+\infty}\left[\frac{1}{T}\int_{-\frac{T}{2}}^{\frac{T}{2}}f_T(t)\mathrm{e}^{-\mathrm{j}n\omega_0 t}\mathrm{d}t\right]\mathrm{e}^{\mathrm{j}n\omega_0 t}.$$

记 $n\omega_0=\omega_n$,$\Delta\omega=\omega_n-\omega_{n-1}$,则 $T=\frac{2\pi}{\Delta\omega}$,那么

$$f(t)=\frac{1}{2\pi}\lim_{\Delta\omega\to 0}\sum_{n=-\infty}^{+\infty}\left[\int_{-\frac{\pi}{\Delta\omega}}^{\frac{\pi}{\Delta\omega}}f_T(\tau)\mathrm{e}^{-\mathrm{j}\omega_n\tau}\mathrm{d}\tau\cdot\mathrm{e}^{\mathrm{j}\omega_n t}\right]\Delta\omega.$$

此式是一个和式的极限,按照积分的定义,当 $T\to+\infty$时,上式可写为

$$f(t)=\frac{1}{2\pi}\int_{-\infty}^{+\infty}\left[\int_{-\infty}^{+\infty}f(\tau)\mathrm{e}^{-\mathrm{j}\omega\tau}\mathrm{d}\tau\right]\mathrm{e}^{\mathrm{j}\omega t}\mathrm{d}\omega.\tag{5.5}$$

这个公式称为傅立叶积分公式(简称傅氏积分公式).应该指出,上述推导只是一种形式推导,不是严格的证明过程.至于一个非周期函数满足什么条件就可以用傅氏积分来表示,有下述定理.

定理 5.1 (傅式积分定理) 若函数 $f(t)$在$(-\infty,+\infty)$上满足下列条件:

(1) $f(t)$在任一有限区间上连续或只有有限个第一类间断点;

(2) $f(t)$在任一有限区间上至多只有有限个极值点;

(3) $f(t)$绝对可积(即积分$\int_{-\infty}^{+\infty}|f(t)|\mathrm{d}t$ 收敛).

则积分

$$\int_{-\infty}^{+\infty}f(t)\mathrm{e}^{-\mathrm{j}\omega t}\mathrm{d}t$$

一定存在,且当 t 为 $f(t)$的连续点时,有

$$f(t)=\frac{1}{2\pi}\int_{-\infty}^{+\infty}\left[\int_{-\infty}^{+\infty}f(t)\mathrm{e}^{-\mathrm{j}\omega t}\mathrm{d}t\right]\mathrm{e}^{\mathrm{j}\omega t}\mathrm{d}\omega.\tag{5.6}$$

当 t 为 $f(t)$的间断点时,上式左端应为$\frac{1}{2}[f(t+0)+f(t-0)]$.

这个定理的条件是一种充分条件,其证明要用到较多的基础理论,这里从略.

例 5.2　求脉冲幅度为 E 的矩形脉冲函数

$$f(t)=\begin{cases}E, |t|\leqslant\dfrac{1}{2}\\0,\text{其他}\end{cases}$$

的傅立叶积分公式.

解　此函数显然满足傅立叶积分定理的条件,故傅立叶积分

$$\begin{aligned}F(\omega)&=\int_{-\infty}^{+\infty}f(t)\mathrm{e}^{-\mathrm{j}\omega t}\mathrm{d}t\\&=\int_{-\frac{1}{2}}^{\frac{1}{2}}E\mathrm{e}^{-\mathrm{j}\omega t}\mathrm{d}t\\&=\frac{2E}{\omega}\sin\frac{\omega}{2}.\end{aligned}$$

那么,根据傅立叶积分公式有

$$\begin{aligned}&\frac{1}{2\pi}\int_{-\infty}^{+\infty}\frac{2E}{\omega}\sin\frac{\omega}{2}\mathrm{e}^{\mathrm{j}\omega t}\mathrm{d}\omega\\&\quad=\frac{1}{2\pi}\int_{-\infty}^{+\infty}\frac{2E}{\omega}\sin\frac{\omega}{2}\cos\omega t\,\mathrm{d}\omega+\frac{j}{2\pi}\int_{-\infty}^{+\infty}\frac{2E}{\omega}\sin\frac{\omega}{2}\sin\omega t\,\mathrm{d}\omega\\&\quad=\frac{2E}{\pi}\int_{0}^{+\infty}\frac{\sin\frac{\omega}{2}}{\omega}\cos\omega t\,\mathrm{d}\omega\\&\quad=\begin{cases}E, & |t|<\dfrac{1}{2},\\\dfrac{E}{2}, & |t|=\dfrac{1}{2},\\0, & \text{其他}.\end{cases}\end{aligned}$$

特别地,当上式中 $t=0$ 时,有

$$\int_{0}^{+\infty}\frac{\sin x}{x}\mathrm{d}x=\frac{\pi}{2}.$$

5.1.3　傅立叶变换

当积分 $\int_{-\infty}^{+\infty}f(t)\mathrm{e}^{-\mathrm{j}\omega t}\mathrm{d}t$ 收敛时,它实际上就定义了一个函数 $F(\omega)=\int_{-\infty}^{+\infty}f(t)\mathrm{e}^{-\mathrm{j}\omega t}\mathrm{d}t$,函数 $f(t)$ 与 $F(\omega)$ 通过傅立叶积分建立了一种对应关系,这种对应关系也可以解释为从 $f(t)$ 到 $F(\omega)$ 的一种变换.

定义 5.1　设 $f(t)$ 在 $(-\infty,+\infty)$ 上有定义,由积分

$$F(\omega)=\int_{-\infty}^{+\infty}f(t)\mathrm{e}^{-\mathrm{j}\omega t}\mathrm{d}t \tag{5.7}$$

建立的从 $f(t)$ 到 $F(\omega)$ 的对应称为傅立叶变换(简称傅氏变换),记作 $F(\omega)=$

$\mathscr{F}[f(t)]$. $F(\omega)$称为$f(t)$的像函数，称由积分

$$f(t)=\frac{1}{2\pi}\int_{-\infty}^{+\infty}F(\omega)\mathrm{e}^{\mathrm{j}\omega t}\mathrm{d}\omega \tag{5.8}$$

建立的从$F(\omega)$到$f(t)$的对应为傅立叶逆变换（简称傅氏逆变换），记作$f(t)=\mathscr{F}^{-1}[F(\omega)]$，$f(t)$叫作$F(\omega)$的像原函数.

与周期信号类似，我们也可以把$f(t)$写成三角函数形式

$$\begin{aligned}f(t)&=\frac{1}{2\pi}\int_{-\infty}^{+\infty}F(\omega)\mathrm{e}^{\mathrm{j}\omega t}\mathrm{d}\omega\\&=\frac{1}{2\pi}\int_{-\infty}^{+\infty}|F(\omega)|\mathrm{e}^{\mathrm{j}(\omega t+\varphi(\omega))}\mathrm{d}\omega\\&=\frac{1}{\pi}\int_{0}^{+\infty}|F(\omega)|\cos(\omega t+\arg(F(\omega)))\mathrm{d}\omega.\end{aligned}$$

可见，非周期信号与周期信号一样，可以分解为不同频率的正弦分量. 所不同的是，非周期信号包含了从零到无穷大的所有频率分量，而$F(\omega)$是$f(t)$中各频率分量的分布密度，因此，$F(\omega)$也称为频谱密度函数（简称频谱或连续频谱），称$|F(\omega)|$为振幅谱，$\arg F(\omega)$为相位谱.

例 5.3 求单边指数衰减函数$f(t)=\begin{cases}\mathrm{e}^{-\alpha t}, t\geqslant 0\\0, t<0\end{cases}$ $(\alpha>0)$的傅氏变换，并求其振幅谱和相位谱.

解

$$\begin{aligned}F(\omega)&=\mathscr{F}[f(t)]=\int_{-\infty}^{+\infty}f(t)\mathrm{e}^{-\mathrm{j}\omega t}\mathrm{d}t\\&=\int_{0}^{+\infty}\mathrm{e}^{-(\alpha+\mathrm{j}\omega)t}\mathrm{d}t\\&=\frac{1}{\alpha+\mathrm{j}\omega}=\frac{\alpha-\mathrm{j}\omega}{\alpha^2+\omega^2}.\end{aligned}$$

其振幅谱为

$$|F(\omega)|=\frac{1}{\sqrt{\alpha^2+\omega^2}}.$$

相位谱为 $$\arg F(\omega)=-\arctan\frac{\omega}{\alpha}.$$

例 5.4 已知$f(t)$的频谱为$F(\omega)=\begin{cases}1, |\omega|<\alpha\\0, |\omega|\geqslant\alpha\end{cases}$ $(\alpha>0)$，求$f(t)$.

解 $$\begin{aligned}f(t)&=\mathscr{F}^{-1}[F(\omega)]=\frac{1}{2\pi}\int_{-\infty}^{+\infty}F(\omega)\mathrm{e}^{\mathrm{j}\omega t}\mathrm{d}\omega\\&=\frac{1}{2\pi}\int_{-\alpha}^{\alpha}\mathrm{e}^{\mathrm{j}\omega t}\mathrm{d}\omega=\frac{\sin\alpha t}{\pi t}=\frac{\alpha}{\pi}\cdot\frac{\sin\alpha t}{\alpha t}.\end{aligned}$$

习惯上记 $Sa(t)=\frac{\sin t}{t}$，则 $f(t)=\frac{\alpha}{\pi}\cdot Sa(\alpha t)$，当 $t=0$ 时，补充定义 $f(0)=\frac{\alpha}{\pi}$. 信号 $\frac{\alpha}{\pi}Sa(\alpha t)$ 称为抽样信号，由于其频谱的特殊性，因而其在连续时间信号的离散化、离散时间信号的恢复以及信号滤波中都发挥了重要作用.

§5.2　单位脉冲函数

在工程应用中，有许多现象需要用一个时间极短，但取值极大的函数模型来描述. 如集中于一点的质量问题、瞬时冲击力，还有在原来电流为零的电路中、某一瞬间进入一单位电量的脉冲等等. 这些物理现象都具有一种脉冲特征，它们很难用常规的函数形式来描述，而需要引进一种新的函数，就是单位脉冲函数.

例 5.5　把长度为 ε 的均匀细杆放在 x 轴的 $[0,\varepsilon]$ 上，设其质量为 1，则细杆的线密度 $\rho_\varepsilon(x)$ 为

$$\rho_\varepsilon(x)=\begin{cases}\frac{1}{\varepsilon}, & 0\leqslant x<\varepsilon,\\ 0, & \text{其他}.\end{cases}$$

如果把单位质量的质点放置在坐标原点，则可以认为它相当于上面的细杆取 $\varepsilon\to 0$ 的结果，那么，质点的密度函数 $\rho(x)$ 就成了

$$\rho(x)=\begin{cases}\infty, & x=0,\\ 0, & \text{其他}.\end{cases}$$

另外，质点的质量又可以表示为积分的形式，就是说 $\rho(x)$ 还应该满足 $\int_{-\infty}^{+\infty}\rho(x)\mathrm{d}x=1$. 这种函数不是常规意义下的函数，而是一种广义函数，它就是所谓的单位脉冲函数，又称狄拉克(Dirac) 函数或 δ 函数.

5.2.1　单位脉冲函数

单位脉冲函数有多种定义形式，下面给出的是工程上常用的一种比较直观的定义形式.

定义 5.2　满足以下两个条件：

(1) $S(t)=\begin{cases}\infty, & t=0,\\ 0, & t\neq 0;\end{cases}$

(2) $\int_{-\infty}^{+\infty}\delta(t)\mathrm{d}t=1.$

的函数称为单位脉冲函数，又称 δ 函数.

δ 函数可以直观地理解为 $\delta(t)=\lim\limits_{\varepsilon\to0^+}\delta_\varepsilon(t)$，其中 $\delta_\varepsilon(t)$ 是如图 5.2 所示以 ε 为宽、$\frac{1}{\varepsilon}$ 为高的矩形脉冲函数.

应用中，人们常用一个长度为 1 的有向线段来表示 δ 函数(图 5.3)，这个线段表示 δ 函数的积分值，称为函数的冲激强度.

图 5.2　　　　图 5.3

下面我们直接给出 δ 函数的几个基本性质.

性质 5.1　(筛选性质)设 $f(t)$ 是定义在实数域上的有界函数，且在 t_0 处连续，则

$$\int_{-\infty}^{+\infty}\delta(t-t_0)f(t)\,\mathrm{d}t=f(t_0). \tag{5.9}$$

特别地，当 $t_0=0$ 时，则有

$$\int_{-\infty}^{+\infty}\delta(t)f(t)\,\mathrm{d}t=f(0). \tag{5.10}$$

性质 5.2　δ 函数为偶函数，即 $\delta(-t)=\delta(t)$.

性质 5.3　设 $u(t)$ 为单位阶跃函数，即

$$u(t)=\begin{cases}1, & t>0,\\ 0, & t<0.\end{cases}$$

则有

$$\int_{-\infty}^{t}\delta(t)\,\mathrm{d}t=u(t),\ \frac{\mathrm{d}u(t)}{\mathrm{d}t}=\delta(t).$$

5.2.2　单位脉冲函数的傅氏变换

根据 δ 函数的筛选性质，易知 δ 函数的傅氏变换为

$$\mathscr{F}[\delta(t)]=\int_{-\infty}^{+\infty}\delta(t)\mathrm{e}^{-\mathrm{j}\omega t}\,\mathrm{d}t=\mathrm{e}^{-\mathrm{j}\omega t}\Big|_{t=0}=1,$$

即 $\delta(t)$ 与 $F(\omega)=1$ 构成一傅氏变换对，按傅氏积分公式有

$$\frac{1}{2\pi}\int_{-\infty}^{+\infty}\mathrm{e}^{\mathrm{j}\omega t}\,\mathrm{d}\omega=\delta(t). \tag{5.11}$$

这是一个关于 δ 函数的重要公式.

公式(5.11)并不是常规意义下的积分问题，故称 $\delta(t)$ 的傅氏变换为一种广

义傅氏变换. 在工程技术中，有许多函数并不满足绝对可积条件，如符号函数、单位阶跃函数以及正、余弦函数等，然而利用 δ 函数的傅氏变换就可以求出它们的傅氏变换了. 从这个角度也可以看出引进 δ 函数的重要性.

例 5.6　分别求出函数 $f_1(t)=1$ 与函数 $f_2(t)=e^{j\omega_0 t}$ 的傅氏变换.

解　利用公式 (5.11) 容易求得两函数的傅氏变换

$$F_1(\omega)=\mathscr{F}[f_1(t)]=\int_{-\infty}^{+\infty} e^{-j\omega t}dt=2\pi\delta(\omega),$$

$$F_2(\omega)=\mathscr{F}[f_2(t)]=\int_{-\infty}^{+\infty} e^{j\omega_0 t}e^{-j\omega t}dt=\int_{-\infty}^{+\infty} e^{j(\omega_0-\omega)t}dt$$

$$=2\pi\delta(\omega_0-\omega)=2\pi\delta(\omega-\omega_0).$$

例 5.7　证明单位阶跃函数 $u(t)$ 与 $F(\omega)=\frac{1}{j\omega}+\pi\delta(\omega)$ 是一个傅氏变换对.

证　$F(\omega)=\frac{1}{j\omega}+\pi\delta(\omega)$ 的傅氏逆变换为

$$f(t)=\frac{1}{2\pi}\int_{-\infty}^{+\infty}\left[\frac{1}{j\omega}+\pi\delta(\omega)\right]e^{j\omega t}d\omega$$

$$=\frac{1}{2\pi}\int_{-\infty}^{+\infty}\pi\delta(\omega)e^{j\omega t}d\omega+\frac{1}{2\pi}\int_{-\infty}^{+\infty}\frac{e^{j\omega t}}{j\omega}d\omega$$

$$=\frac{1}{2}+\frac{1}{\pi}\int_{0}^{+\infty}\frac{\sin\omega t}{\omega}d\omega.$$

由重要公式 $\int_0^{+\infty}\frac{\sin x}{x}dx=\frac{\pi}{2}$ 可得

$$f(t)=u(t)=\begin{cases}1, & t>0,\\ 0, & t<0.\end{cases}$$

故 $u(t)$ 与 $F(\omega)=\frac{1}{j\omega}+\pi\delta(\omega)$ 是一个傅氏变换对.

例 5.8　求 $f(t)=\sin\omega_0 t$ 的傅氏变换.

解　由傅氏变换的定义和公式(5.11)得

$$F(\omega)=\mathscr{F}[f(t)]=\int_{-\infty}^{+\infty}e^{-j\omega t}\sin\omega_0 t dt$$

$$=\frac{1}{2j}\int_{-\infty}^{+\infty}(e^{j\omega_0 t}-e^{-j\omega_0 t})e^{-j\omega t}dt$$

$$=\frac{1}{2j}\int_{-\infty}^{+\infty}(e^{-j(\omega-\omega_0)t}-e^{-j(\omega+\omega_0)t})dt$$

$$=\pi j[\delta(\omega+\omega_0)-\delta(\omega-\omega_0)].$$

§5.3 傅氏变换的性质

这一节,我们将介绍傅氏变换的一些重要性质.为叙述方便,假设所涉及的函数的傅氏变换均存在,且记 $F(\omega)=\mathscr{F}[f(t)]$,$G(\omega)=\mathscr{F}[g(t)]$.

5.3.1 基本性质

(1) 线性性质

$$\mathscr{F}[\alpha f(t)+\beta g(t)]=\alpha F(\omega)+\beta G(\omega), \tag{5.12}$$

$$\mathscr{F}^{-1}[\alpha F(\omega)+\beta G(\omega)]=\alpha f(t)+\beta g(t). \tag{5.13}$$

其中,α,β 为常数.

此性质可由傅氏变换、傅氏逆变换的定义直接推出.

例 5.9 求函数 $F(\omega)=\dfrac{1}{(3+\mathrm{j}\omega)(4+\mathrm{j}\omega)}$ 的傅氏逆变换.

解 因为 $\dfrac{1}{(3+\mathrm{j}\omega)(4+\mathrm{j}\omega)}=\dfrac{1}{3+\mathrm{j}\omega}-\dfrac{1}{4+\mathrm{j}\omega}$.

由例 5.3 知

$$\mathscr{F}^{-1}\left[\frac{1}{3+\mathrm{j}\omega}\right]=\begin{cases}\mathrm{e}^{-3t}, & t\geqslant 0,\\ 0, & t<0,\end{cases}$$

$$\mathscr{F}^{-1}\left[\frac{1}{4+\mathrm{j}\omega}\right]=\begin{cases}\mathrm{e}^{-4t}, & t\geqslant 0,\\ 0, & t<0.\end{cases}$$

故 $\mathscr{F}^{-1}[F(\omega)]=\begin{cases}\mathrm{e}^{-3t}-\mathrm{e}^{-4t}, & t\geqslant 0,\\ 0, & t<0.\end{cases}$

(2) 位移性质

$$\mathscr{F}[f(t-t_0)]=\mathrm{e}^{-\mathrm{j}\omega t_0}\mathscr{F}[f(t)]. \tag{5.14}$$

$$\mathscr{F}^{-1}[F(\omega-\omega_0)]=\mathrm{e}^{\mathrm{j}\omega_0 t}\mathscr{F}^{-1}[F(\omega)]. \tag{5.15}$$

其中,t_0 和 ω_0 是实常数.

证

$$\begin{aligned}\mathscr{F}^{-1}[F(\omega-\omega_0)]&=\frac{1}{2\pi}\int_{-\infty}^{+\infty}F(\omega-\omega_0)\mathrm{e}^{\mathrm{j}\omega t}\mathrm{d}\omega\\&=\frac{1}{2\pi}\int_{-\infty}^{+\infty}F(\omega-\omega_0)\mathrm{e}^{\mathrm{j}(\omega-\omega_0)t}\mathrm{e}^{\mathrm{j}\omega_0 t}\mathrm{d}(\omega-\omega_0)\\&=\mathrm{e}^{\mathrm{j}\omega_0 t}\mathscr{F}^{-1}[F(\omega)].\end{aligned}$$

式(5.14)可类似证明之.

位移性质式(5.14)说明,当一信号沿时间轴移动时,它的各频率成分的大小并不变,只是相位谱产生了 $-\omega_0 t$ 的附加变化,而式(5.15)则常被用作频谱搬移,这一技术在通信系统中有着广泛的应用.

（3）相似性质

$$\mathscr{F}[f(at)]=\frac{1}{|a|}F\left(\frac{\omega}{a}\right)\quad(a\neq 0).\tag{5.16}$$

证　$\mathscr{F}[f(at)]=\int_{-\infty}^{+\infty}f(at)\mathrm{e}^{-\mathrm{j}\omega t}\mathrm{d}t$

$$=\frac{1}{a}\int_{-\infty}^{+\infty}f(at)\mathrm{e}^{-\mathrm{j}\frac{\omega}{a}\cdot at}\mathrm{d}(at)$$

$$=\begin{cases}\dfrac{1}{a}F\left(\dfrac{\omega}{a}\right), & a>0,\\ -\dfrac{1}{a}F\left(\dfrac{\omega}{a}\right), & a<0.\end{cases}$$

相似性质表明，若信号在时域中被压缩（$a>1$）等效于在频域中扩展，反之，信号在时域中被扩展（$a<1$）则等效于在频域中压缩，也就是说，信号波形压缩 a 倍，信号随时间变化加快 a 倍，所以它所包含的频率分量增加 a 倍，即频谱展宽 a 倍，根据能量守恒原理，各频率分量的大小必然减小 a 倍.

例 5.10　已知抽样信号 $f(t)=\dfrac{\sin 2t}{\pi t}$ 的频谱为 $F(\omega)=\begin{cases}1, & |\omega|\leqslant 2,\\ 0, & |\omega|>2.\end{cases}$ 求信号 $g(t)=f\left(\dfrac{t}{2}\right)$ 的频谱 $G(\omega)$.

解　由傅氏变换的相似性质知

$$G(\omega)=\mathscr{F}[g(t)]=\mathscr{F}\left[f\left(\frac{t}{2}\right)\right]=2F(2\omega)=\begin{cases}2, & |\omega|\leqslant 1,\\ 0, & |\omega|>1.\end{cases}$$

由图 5.4 可以看出，由 $f(t)$ 扩展后的信号 $g(t)$ 变得平缓，频率降低，即频率范围由原 $|\omega|<2$ 变成了 $|\omega|<1$.

（4）微分性质

设函数 $f(t)$ 在 $(-\infty,+\infty)$ 内连续或仅有有限个可去间断点，

① 若 $\lim\limits_{|t|\to+\infty}f^{(k)}(t)=0\quad(k=0,1,2,\cdots,n-1)$，则

$$\mathscr{F}[f^{(n)}(t)]=(\mathrm{j}\omega)^n\mathscr{F}[f(t)].\tag{5.17}$$

② 若 $\int_{-\infty}^{+\infty}|t^nf(t)|\mathrm{d}t$ 收敛，则

$$\mathscr{F}^{-1}[F^{(n)}(\omega)]=(-\mathrm{j}t)^n\mathscr{F}^{-1}[F(\omega)].\tag{5.18}$$

证　当 $|t|\to\infty$ 时，$|f(t)\mathrm{e}^{\mathrm{j}\omega t}|=|f(t)|\to 0$，由此可知 $f(t)\mathrm{e}^{-\mathrm{j}\omega t}\to 0$. 因此

$$\mathscr{F}[f'(t)]=\int_{-\infty}^{+\infty}f'(t)\mathrm{e}^{-\mathrm{j}\omega t}\mathrm{d}t$$

$$=f(t)\mathrm{e}^{-\mathrm{j}\omega t}\Big|_{-\infty}^{+\infty}=\mathrm{j}\omega\int_{-\infty}^{+\infty}f(t)\mathrm{e}^{-\mathrm{j}\omega t}\mathrm{d}t=\mathrm{j}\omega\mathscr{F}^{-1}[f(t)].$$

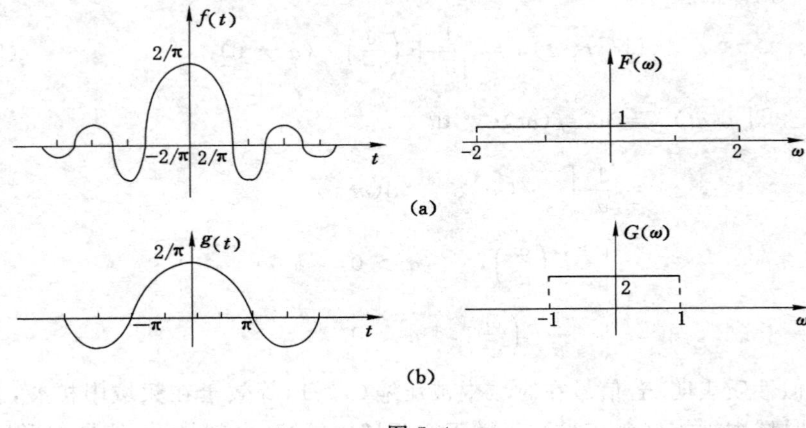

图 5.4

反复进行上述过程可得式(5.17),公式(5.18) 可类似地证明之.

(5) 积分性质

若 $\lim\limits_{t\to+\infty}\int_{-\infty}^{t} f(t)\,\mathrm{d}t = 0$,则

$$\mathscr{F}\left[\int_{-\infty}^{t} f(t)\,\mathrm{d}t\right] = \frac{1}{\mathrm{j}\omega}\mathscr{F}[f(t)]. \tag{5.19}$$

证 因为 $\frac{\mathrm{d}}{\mathrm{d}t}\left[\int_{-\infty}^{t} f(t)\,\mathrm{d}t\right] = f(t)$, 根据式(5.17)有 $\mathscr{F}[f(t)] = \mathrm{j}\omega\mathscr{F}\left[\int_{-\infty}^{t} f(t)\,\mathrm{d}t\right]$,即 $\mathscr{F}\left[\int_{-\infty}^{t} f(t)\,\mathrm{d}t\right] = \frac{1}{\mathrm{j}\omega}\mathscr{F}[f(t)]$.

例 5.11 求具有电动势 $f(t)$ 的 LRC 电路的电流,其中 L 是电感,R 是电阻,C 是电容,$f(t)$ 是电动势(图 5.5).

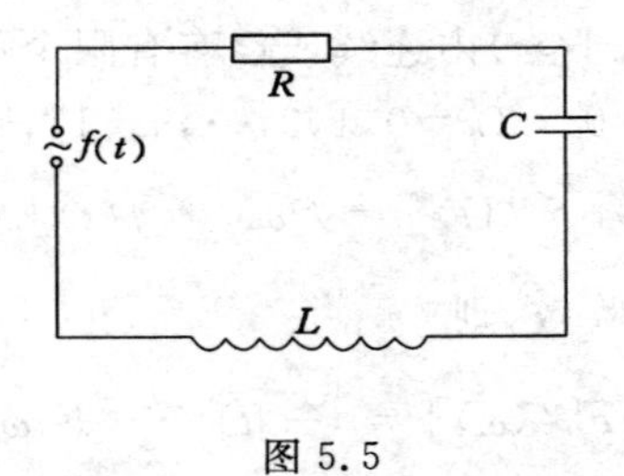

图 5.5

解 设 $I(t)$ 表示电路在 t 时刻的电流,根据基尔霍夫定律得

$$L\frac{\mathrm{d}I}{\mathrm{d}t} + RI + \frac{1}{C}\int_{-\infty}^{t} I\,\mathrm{d}t = f(t).$$

等式两边对 t 求导有

$$L\frac{\mathrm{d}^2 I}{\mathrm{d}t^2}+R\frac{\mathrm{d}I}{\mathrm{d}t}+\frac{I}{C}=f'(t).$$

对方程两边取傅氏变换得

$$L(\mathrm{j}\omega)^2 F[I(t)]+R(\mathrm{j}\omega)\mathscr{F}[I(t)]+\frac{1}{C}\mathscr{F}[I(t)]=\mathrm{j}\omega\mathscr{F}[f(t)].$$

故
$$I(t)=\mathscr{F}^{-1}\left[\frac{C\mathrm{j}\omega[f(t)]}{LC(\mathrm{j}\omega)^2+RC\mathrm{j}\omega+1}\right].$$

5.3.2　卷积与卷积定理

(1) 卷积

定义 5.3　设函数 $f_1(t)$ 与 $f_2(t)$ 在 $(-\infty,+\infty)$ 上有定义，若反常积分 $\int_{-\infty}^{+\infty}f_1(\tau)f_2(t-\tau)\mathrm{d}\tau$ 对任何实数 t 都收敛，则称它所确定的 t 的函数为 $f_1(t)$ 与 $f_2(t)$ 的卷积，记为 $f_1(t)*f_2(t)$，即

$$f_1(t)*f_2(t)=\int_{-\infty}^{+\infty}f_1(\tau)f_2(t-\tau)\mathrm{d}\tau. \tag{5.20}$$

根据定义容易知道卷积满足

$$f_1(t)*f_2(t)=f_2(t)*f_1(t) \quad\text{（交换律）}$$

$$f_1(t)*[f_2(t)*f_3(t)]=[f_1(t)*f_2(t)]*f_3(t) \quad\text{（结合律）}$$

$$f_1(t)*[f_2(t)+f_3(t)]=f_1(t)*f_2(t)+f_1(t)*f_3(t) \quad\text{（分配律）}$$

例 5.12　设函数

$$f_1(t)=\begin{cases}1, & t\geqslant 0,\\ 0, & t<0;\end{cases}\quad f_2(t)=\begin{cases}\mathrm{e}^{-t}, & t\geqslant 0,\\ 0, & t<0.\end{cases}$$ 求 $f_1(t)*f_2(t)$.

解

$$\begin{aligned}f_1(t)*f_2(t)&=\int_{-\infty}^{+\infty}f_1(\tau)f_2(t-\tau)\mathrm{d}\tau\\&=\begin{cases}\int_0^t 1\cdot\mathrm{e}^{-(t-\tau)}\mathrm{d}\tau, & t\geqslant 0\\ 0, & t<0\end{cases}\\&=\begin{cases}1-\mathrm{e}^{-t}, & t\geqslant 0\\ 0, & t<0.\end{cases}\end{aligned}$$

(2) 卷积定理

定理 5.2　设 $\mathscr{F}[f_1(t)]=F_1(\omega)$，$\mathscr{F}[f_2(t)]=F_2(\omega)$，则有

$$\mathscr{F}[f_1(t)*f_2(t)]=F_1(\omega)\cdot F_2(\omega). \tag{5.21}$$

$$\mathscr{F}[f_1(t)f_2(t)]=\frac{1}{2\pi}F_1(\omega)*F_2(\omega). \tag{5.22}$$

证　根据卷积与傅氏变换的定义得

$$
\begin{aligned}
\mathscr{F}[f_1(t)*f_2(t)] &= \int_{-\infty}^{+\infty} f_1(t)*f_2(t)\mathrm{e}^{-\mathrm{j}\omega t}\mathrm{d}t \\
&= \int_{-\infty}^{+\infty}\left[\int_{-\infty}^{+\infty} f_1(\tau)f_2(t-\tau)\mathrm{d}\tau\right]\mathrm{e}^{-\mathrm{j}\omega t}\mathrm{d}t \\
&= \int_{-\infty}^{+\infty} f_1(\tau)\left[\int_{-\infty}^{+\infty} f_2(t-\tau)\mathrm{e}^{-\mathrm{j}\omega t}\mathrm{d}t\right]\mathrm{d}\tau \\
&= \int_{-\infty}^{+\infty} f_1(\tau)\mathrm{e}^{-\mathrm{j}\omega\tau}\left[\int_{-\infty}^{+\infty} f_2(t-\tau)\mathrm{e}^{-\mathrm{j}\omega(t-\tau)}\mathrm{d}(t-\tau)\right]\mathrm{d}\tau \\
&= \int_{-\infty}^{+\infty} F_2(\omega)f_1(\tau)\mathrm{e}^{-\mathrm{j}\omega\tau}\mathrm{d}\tau \\
&= F_1(\omega)F_2(\omega)
\end{aligned}
$$

类似地,可以证明式(5.22).

例 5.13 设 $f(t)=\mathrm{e}^{-\beta t}u(t)\sin\omega_0 t(\beta>0)$,求 $\mathscr{F}[f(t)]$.

解 由卷积定理得

$$
\mathscr{F}[f(t)]=\frac{1}{2\pi}\mathscr{F}[\mathrm{e}^{-\beta t}u(t)]*\mathscr{F}[\sin\omega_0 t].
$$

查表知 $\mathscr{F}[\mathrm{e}^{-\beta t}u(t)]=\dfrac{1}{\beta+\mathrm{j}\omega}$,$\mathscr{F}[\sin\omega_0 t]=\mathrm{j}\pi[\delta(\omega+\omega_0)-\delta(\omega-\omega_0)]$.

再由 δ 函数的筛选性质可得

$$
\begin{aligned}
\mathscr{F}[f(t)] &= \frac{1}{2\pi}\int_{-\infty}^{+\infty}\frac{\mathrm{j}\pi}{\beta+\mathrm{j}\tau}[\delta(\omega+\omega_0-\tau)-\delta(\omega-\omega_0-\tau)]\mathrm{d}\tau \\
&= \frac{\mathrm{j}}{2}\left[\frac{1}{\beta+\mathrm{j}(\omega+\omega_0)}-\frac{1}{\beta+\mathrm{j}(\omega-\omega_0)}\right] \\
&= \frac{\omega_0}{(\beta+\mathrm{j}\omega)^2+\omega_0^2}.
\end{aligned}
$$

5.3.3 傅立叶变换及其逆变换的 MATLAB 实现

在 MATLAB 中,用 syms 命令申明符号变量 t,用 f 描述时域表达式,使用 fourier 命令来实现傅立叶变换,该函数的调用格式如下:

```
F=fourier(f)              %按默认变量进行傅立叶变换
F=fourier(f,v,u)          %把 v 的函数变换成 u 的函数
```

使用 ifourier 命令求解傅立叶逆变换,具体调用格式如下:

```
f=ifourier(F)             %按默认变量进行傅立叶逆变换
f=ifourier(F,u,v)         %把 u 的函数变换成 v 的函数
```

例 5.14 求函数 $f(t)=\cos^3 t$ 的傅立叶变换.

解 在 MATLAB 工作窗口输入:

```
syms t x w;
F1=simplify(fourier(cos(t)^3,t,w))
```

运行结果为：

```
F1=
(3 * pi * (dirac(w-1)+dirac(w+1)))/4+(pi * (dirac(w-3)+dirac(w+3)))/4
```

例 5.15　求函数 $F(w)=\delta(w+1)-\delta(w-1)$ 的傅立叶逆变换.

解　在 MATLAB 工作窗口输入：

```
syms t x w;
ifourier(dirac(w+1)-dirac(w-1),w,t)
```

运行结果为：

```
   ans =
(exp(-t * 1i) - exp(t * 1i))/(2 * pi)
```

§5.4　傅氏变换在轨道结构动力分析中的应用

随着高速、重载列车工程技术的高速发展，轨道结构动力学日益受到人们的重视. 目前在分析轨道结构动力学问题中采用的方法有解析法和数值计算法. 其中在解析法中广泛采用的是连续弹性梁模型和求解轨道振动微分方程的分离变量法，此法较适合简单的问题. 数值计算方法，如有限元法、边界元法，具有很好的适用性和强大的分析能力，但程序编制复杂，运算繁琐，对分析人员的要求较高. 下面针对轨道结构连续弹性单层梁模型，简单介绍用傅立叶变换法求解轨道结构动力响应的主要步骤.

下面将采用解析方法研究轨道临界速度与轨道振动特性. 不计阻尼作用的轨道结构连续弹性单层梁模型见图 5.6，其振动微分方程为

$$EI\frac{\partial^4 w}{\partial x^4}+m\frac{\partial^2 w}{\partial t^2}+kw=-f\delta(x-vt). \tag{5.23}$$

其中，E、I 分别为钢轨的弹性模量和水平惯性矩；w 为钢轨竖向挠度；m 为单位长度的轨道质量；δ 为 Dirac 函数；f 为轮载；v 为列车运行速度.

定义相应的傅立叶变换

$$W(\beta,t)=\int_{-\infty}^{+\infty}w(x,t)\mathrm{e}^{-\mathrm{i}\beta x}\,\mathrm{d}x.$$

傅立叶逆变换

$$w(x,t)=\frac{1}{2\pi}\int_{-\infty}^{+\infty}W(\beta,t)\mathrm{e}^{\mathrm{i}\beta x}\,\mathrm{d}\beta.$$

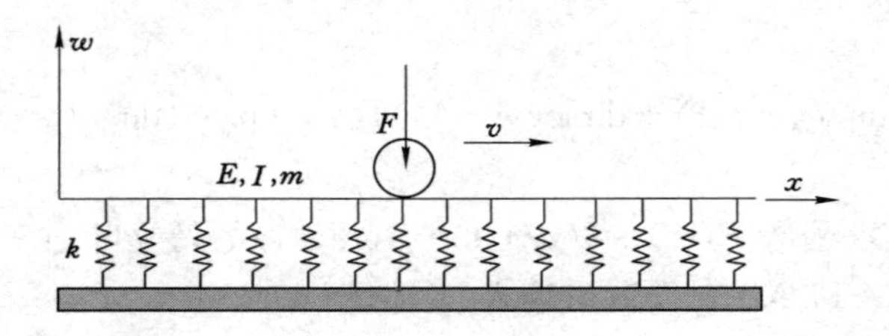

图 5.6

对式(5.23) 作傅氏变换,可得

$$EI\ (\mathrm{j}\beta)^4 W(\beta,t) + m\frac{\partial^2 W(\beta,t)}{\partial^2 t} + kW(\beta,t) = -f. \tag{5.24}$$

设

$$W(\beta,t) = \overline{W}(\beta)\mathrm{e}^{\mathrm{j}\omega t}, \tag{5.25}$$

$$f = f_0\mathrm{e}^{\mathrm{j}\omega t}. \tag{5.26}$$

其中,$\omega=\Omega-\beta v$,Ω 为荷载激振频率,rad/s;β 为振动波数,rad/m.

将式(5.25)和式(5.26)代入式(5.24),有

$$EI\beta^4\overline{W}(\beta)-m\omega^2\overline{W}(\beta)+k\overline{W}(\beta)=-f_0.$$

从而

$$\overline{W}(\beta)=-\frac{f_0}{EI\beta^4-m\ (\Omega-\beta v)^2+k}.$$

对上式实施傅式逆变换即可得到最后的结果.实际应用中,对于给定的参数,工程师经常借助于快速傅氏变换取得最后的结果.

习 题 五

5.1 求以 T 为周期的函数

$$f_T(t)=\begin{cases}\dfrac{1}{2}, & 0<t<\dfrac{T}{2}\\ -\dfrac{1}{2}, & -\dfrac{T}{2}<t<0\end{cases}$$

的复指数形式的傅立叶级数,并画出其频谱图.

5.2 求下列函数的傅氏变换:

(1) $f_T(t)=\begin{cases}A, & 0\leqslant t\leqslant\dfrac{\tau}{2},\\ 0, & 其他;\end{cases}$ (2) $f_T(t)=\begin{cases}1-t^2, & |t|\leqslant 1,\\ 0, & |t|>1;\end{cases}$

(3) $f_T(t)=\begin{cases}-1, & -1<t\leqslant 0,\\ 1, & 0<t\leqslant 1,\\ 0, & \text{其他}.\end{cases}$

5.3　求下列函数的傅氏变换,并证明下列积分结果:

(1) $f(t)=\mathrm{e}^{-\beta|t|}\ (\beta>0)$,证明 $\int_0^{+\infty}\frac{\cos\omega t}{\beta^2+\omega^2}\mathrm{d}\omega=\frac{\pi}{2\beta}\mathrm{e}^{-\beta|t|}$;

(2) $f_T(t)=\begin{cases}1, & |t|\leqslant 1,\\ 0, & |t|>1,\end{cases}$ 证明 $\int_0^{+\infty}\frac{\sin\omega\cos\omega t}{\omega}\mathrm{d}\omega=\begin{cases}\frac{\pi}{2}, & |t|<1,\\ \frac{\pi}{4}, & |t|=1,\\ 0, & \text{其他};\end{cases}$

(3) $f(t)=\begin{cases}\sin t, & |t|\leqslant\pi,\\ 0, & |t|>\pi,\end{cases}$ 证明 $\int_0^{+\infty}\frac{\sin\omega\pi\sin\omega t}{1-\omega^2}\mathrm{d}\omega=\begin{cases}\frac{\pi}{2}\sin t, & |t|\leqslant\pi,\\ 0, & |t|>\pi.\end{cases}$

5.4　求下列函数的傅氏变换:

(1) $f(t)=u(t)\sin bt$;　　(2) $f(t)=\mathrm{e}^{\mathrm{j}\omega_0 t}u(t-t_0)$;

(3) $f(t)=\sin^3 t$;　　(4) $f(t)=\sin\left(5t+\frac{\pi}{3}\right)$.

5.5　求下列函数的傅氏逆变换:

(1) $F(\omega)=\frac{1}{(1+\mathrm{j}\omega)(2+\mathrm{j}\omega)}$;

(2) $F(\omega)=\frac{\omega^2+10}{(5+\mathrm{j}\omega)(9+\omega^2)}$.

5.6　若 $F(\omega)=\mathscr{F}[f(t)]$,证明(对称性质):

$$f(\pm\omega)=\frac{1}{2\pi}\int_{-\infty}^{+\infty}F(\mp t)\mathrm{e}^{-\mathrm{j}\omega t}\mathrm{d}t.$$

5.7　若 $F(\omega)=\mathscr{F}[f(t)]$,证明(翻转性质):

$$F(-\omega)=\mathscr{F}[f(-t)].$$

5.8　若 $F(\omega)=\mathscr{F}[f(t)]$,证明:

$$\mathscr{F}[f(t)\sin\omega_0 t]=\frac{1}{2\mathrm{j}}[F(\omega-\omega_0)-F(\omega+\omega_0)].$$

5.9　若 $F(\omega)=\mathscr{F}[f(t)]$,求下列函数的傅氏变换:

(1) $tf(2t)$;　　(2) $(t-2)f(-2t)$;

(3) $(1-t)f(1-t)$;　　(4) $f(2t-5)$.

5.10　求下列函数的卷积:

$f_1(t)=\begin{cases}1, & t\geqslant 0,\\ 0, & t<0;\end{cases}$　　$f_2(t)=\begin{cases}\mathrm{e}^{-t}, & t\geqslant 0,\\ 0, & t<0.\end{cases}$

5.11 证明：

$$\frac{\mathrm{d}}{\mathrm{d}t}[f_1(t) * f_2(t)] = \frac{\mathrm{d}f_1(t)}{\mathrm{d}t} * f_2(t) = f_1(t) * \frac{\mathrm{d}f_2(t)}{\mathrm{d}t}.$$

5.12 利用卷积定理求下列函数的傅氏变换：

(1) $f(t)=\mathrm{e}^{-\alpha t}\sin(\omega_0 t)u(t)$；　　(2) $f(t)=t\mathrm{e}^{\mathrm{j}\omega_0 t}u(t)$.

5.13 设 $f_1(t)=\mathrm{e}^t\cos t$，$f_2(t)=\delta(t+1)+\delta(t-1)$，求 $f_1(t) * f_2(t)$.

第 6 章　拉普拉斯变换

工程技术创新,一方面要从实际应用的角度去考虑技术与工具的功能方面的升级改造与创新,从最终客户端的需求出发进行革新,这样做的结果往往会推动技术的进步,最终,可能创造出一种全新的事物乃至催生技术革命;另一方面是要关注已有技术与工具的适用范围的突破,通过创新使其适用范围得以扩展,如此也可能会产生重大突破.傅氏变换确实在许多领域发挥了重要作用,成为处理许多工程问题的不可或缺的重要工具,但任何事物总有它的局限性,傅氏变换亦不例外.后来人们在其功能与适用范围方面都进行了扩展,从而大大提高了其对问题的刻画能力与适用范围.

傅氏变换要求函数满足绝对可积条件或是“缓增”,对于指数级增长的函数就无能为力了,拉普拉斯变换则成功地解决了这一问题,可见,拉普拉斯变换实际上是傅氏变换的推广.

§6.1　拉普拉斯变换的定义

6.1.1　拉普拉斯变换的定义

定义 6.1　设函数 $f(t)$ 是定义在 $[0,+\infty)$ 上的实值函数,如果对于复参数 $s=\beta+\mathrm{j}\omega$,积分

$$\int_0^{+\infty} f(t)\mathrm{e}^{-st}\mathrm{d}t$$

在复平面 s 的某一域内收敛,把此积分所确定的函数记作 $F(s)$,即

$$F(s)=\int_0^{+\infty} f(t)\mathrm{e}^{-st}\mathrm{d}t\ , \tag{6.1}$$

则称 $F(s)$ 为 $f(t)$ 的拉普拉斯变换(简称拉氏变换或称为象函数),记为 $F(s)=\mathscr{L}[f(t)]$;$f(t)$ 称为 $F(s)$ 的拉普拉斯逆变换(简称拉氏逆变换或称为象原函数),记为 $f(t)=\mathscr{L}^{-1}[F(s)]$.

由式(6.1)可以看出,$f(t)(t\geqslant 0)$ 拉氏变换,实际上就是 $f(t)u(t)\mathrm{e}^{-\beta t}$ 的傅氏变换,其中 $u(t)$ 是单位阶跃函数.

在实际的工程应用中,许多函数 $f(t)$ 当 $t<0$ 时没有意义或是不需要考虑,

因此在考虑拉氏变换时，一般约定：$t<0$ 时，$f(t)=0$. 例如，对于 $f(t)=\mathrm{e}^t$，应理解为 $f(t)=u(t)\mathrm{e}^t$.

例 6.1 求单位阶跃函数 $u(t)=\begin{cases}1, & t>0\\ 0, & t<0\end{cases}$ 的拉氏变换.

解 积分 $\int_0^b \mathrm{e}^{-st}\mathrm{d}t=\frac{1}{s}(1-\mathrm{e}^{-sb})$，当 $b\to+\infty$ 时，当且仅当 $\mathrm{Re}\,(s)>0$ 才有极限，因此 $\int_0^{+\infty} u(t)\mathrm{e}^{-st}\mathrm{d}t=\frac{1}{s}\quad(\mathrm{Re}\,(s)>0)$.

即
$$\mathscr{L}[1]=\frac{1}{s}\quad(\mathrm{Re}\,(s)>0).$$

例 6.2 求函数 $f(t)=\mathrm{e}^{\alpha t}$ 的拉氏变换（α 为复常数）.

解 $\mathscr{L}[\mathrm{e}^{\alpha t}]=\int_0^{+\infty}\mathrm{e}^{\alpha t}\mathrm{e}^{-st}\mathrm{d}t=\int_0^{+\infty}\mathrm{e}^{-(s-\alpha)t}\mathrm{d}t=\frac{1}{s-\alpha}\quad(\mathrm{Re}\,(s)>\mathrm{Re}\,(\alpha))$.

从上述例子可以看出，与傅氏变换相比，拉氏变换存在的条件要弱得多，那么究竟哪些类型的函数存在拉氏变换呢？若存在，其存在域又是什么呢？关于上述问题，我们给出如下拉普拉斯变换的存在定理.

6.1.2 拉氏变换存在定理

定理 6.1 若函数 $f(t)$ 满足下列条件：

(1) 在 $[0,+\infty)$ 的任一有限区间上分段连续；

(2) 存在常数 $M>0, c\geqslant 0$，使得
$$|f(t)|\leqslant M\mathrm{e}^{ct}, 0\leqslant t<+\infty, \tag{6.2}$$
则在半平面 $\mathrm{Re}\,(s)>c$ 上，积分 $\int_0^{+\infty} f(t)\mathrm{e}^{-st}\mathrm{d}t$ 一定存在，且由此确定的函数 $F(s)$ 是解析的.

证 设 $s=\beta+\mathrm{j}\omega$，则
$$|F(s)|=\left|\int_0^{+\infty} f(t)\mathrm{e}^{-st}\mathrm{d}t\right|\leqslant\int_0^{+\infty}|f(t)\mathrm{e}^{-st}|\mathrm{d}t\leqslant M\int_0^{+\infty}\mathrm{e}^{-(\beta-c)t}\mathrm{d}t.$$

故积分 $\int_0^{+\infty} f(t)\mathrm{e}^{-st}\mathrm{d}t$ 当 $\mathrm{Re}\,(s)>c$ 时收敛，即该积分在半平面 $\mathrm{Re}\,(s)>c$ 上存在. 关于 $F(s)$ 的解析性的证明涉及更深一些的相关知识，故从略.

拉氏变换定理要求函数 $f(t)$ 满足指数增长条件，即定理中的条件(2)，这个要求条件是比较弱的，实际上，工程中遇到的大部分相关问题都满足定理条件. 但应该注意，定理 6.1 的条件是充分的，而不是必要的.

另外，从该定理我们还可以看到：对于函数 $f(t)$，其拉氏变换 $F(s)$ 的存在域往往是一个半平面，具体说来，有以下三种情况：

(1) $F(s)$不存在;

(2) 存在实数 c,$F(s)$在半平面 $\mathrm{Re}(s)>c$ 内存在且是解析的;而当 $\mathrm{Re}(s)<c$,$F(s)$不存在;

(3) $F(s)$处处存在,即存在域为全平面.

§6.2　拉氏变换的性质

这一节,我们将介绍拉氏变换的一些重要性质,它们在工程应用当中能为我们提供强有力的帮助.为了叙述方便,设所涉及的拉氏变换均存在,且记

$$\mathscr{L}[f(t)]=F(s),\mathscr{L}[g(t)]=G(s).$$

6.2.1　线性与相似性质

(1) 线性性质

$$\mathscr{L}[\alpha f(t)+\beta g(t)]=\alpha\mathscr{L}[f(t)]+\beta\mathscr{L}[g(t)]. \tag{6.3}$$

$$\mathscr{L}^{-1}[\alpha F(s)+\beta G(s)]=\alpha\mathscr{L}^{-1}[F(s)]+\beta\mathscr{L}^{-1}[G(s)]. \tag{6.4}$$

其中,α,β 是常数.

例 6.3　求 $\sin\omega t$ 的拉氏变换.

解　由 $\sin\omega t=\frac{1}{2\mathrm{j}}[\mathrm{e}^{\mathrm{j}\omega t}-\mathrm{e}^{-\mathrm{j}\omega t}]$及 $\mathscr{L}[\mathrm{e}^{\mathrm{j}\omega t}]=\frac{1}{s-\mathrm{j}\omega}$,有

$$\mathscr{L}[\sin\omega t]=\frac{1}{2\mathrm{j}}\left[\frac{1}{s-\mathrm{j}\omega}-\frac{1}{s+\mathrm{j}\omega}\right]=\frac{\omega}{s^2+\omega^2}.$$

同理可得
$$\mathscr{L}[\cos\omega t]=\frac{s}{s^2+\omega^2}.$$

例 6.4　求函数 $F(s)=\frac{1}{(s-1)(s-2)}$的拉氏逆变换.

解　因为

$$F(s)=\frac{1}{s-2}-\frac{1}{s-1},$$

所以,由拉氏逆变换的性质及拉式变换表知

$$\mathscr{L}^{-1}[F(s)]=\mathscr{L}^{-1}\left[\frac{1}{s-2}\right]-\mathscr{L}^{-1}\left[\frac{1}{s-1}\right]$$
$$=\mathrm{e}^{2t}-\mathrm{e}^{t}.$$

(2) 相似性质

$$\mathscr{L}[f(at)]=\frac{1}{a}F\left(\frac{s}{a}\right)\quad(a>0). \tag{6.5}$$

证　$\mathscr{L}[f(at)]=\int_0^{+\infty}f(at)\mathrm{e}^{-st}\mathrm{d}t$,

令 $x = at$,则$\int_0^{+\infty} f(at)\mathrm{e}^{-st}\mathrm{d}t = \frac{1}{a}\int_0^{+\infty} f(x)\mathrm{e}^{-(\frac{s}{a})x}\mathrm{d}x = \frac{1}{a}F(\frac{s}{a})$.

6.2.2 微分性质

(1) 导数的像函数

$$\mathscr{L}[f'(t)] = sF(s) - f(0). \tag{6.6}$$

$$\mathscr{L}[f^{(n)}(t)] = s^nF(s) - s^{n-1}f(0) - s^{n-2}f'(0) - \cdots - f^{(n-1)}(0). \tag{6.7}$$

其中,$f^{(k)}(0)$应理解为$\lim\limits_{t\to 0^+} f^{(k)}(t)$.

证 函数 $f(t)$满足拉氏变换存在定理的条件,于是

$$|f(t)\mathrm{e}^{-st}| \leqslant M\mathrm{e}^{-(\beta-c)t},\mathrm{Re}(s)=\beta>c,\ \text{那么}\lim_{t\to+\infty} f(t)\mathrm{e}^{-st}=0.$$

根据拉氏变换的定义和分部积分法,得

$$\begin{aligned}\mathscr{L}[f'(t)] &= \int_0^{+\infty} f'(t)\mathrm{e}^{-st}\mathrm{d}t \\ &= f(t)\mathrm{e}^{-st}\Big|_0^{+\infty} + s\int_0^{+\infty} f(t)\mathrm{e}^{-st}\mathrm{d}t \\ &= sF(s) - f(0).\end{aligned}$$

反复应用此公式,便可得式(6.7).

拉氏变换的这一性质是求解微分方程初值问题的重要工具.

例 6.5 求解微分方程 $y''(t)+4y'(t)+3y(t)=0, y(0)=y'(0)=1$.

解 设 $\mathscr{L}[y(t)]=Y(s)$,对原方程两边实施拉氏变换,有

$$[s^2Y(s)-sy(0)-y'(0)]+4[sY(s)-y(0)]+3Y(s)=0.$$

代入初值则得

$$(s^2+4s+3)Y(s)=s+5,$$

于是

$$Y(s)=\frac{s+5}{(s^2+4s+3)}=\frac{2}{s+1}-\frac{1}{s+3},$$

求拉氏逆变换得

$$y(t)=2\mathrm{e}^{-t}-\mathrm{e}^{-3t}.$$

例 6.6 求 $f(t)=t^3$ 的拉氏变换.

解 $f(t)=t^3$,则 $f^{(3)}(t)=3!$,且 $f(0)=f'(0)=f''(0)=0$,由式(6.7)得 $\mathscr{L}[f^{(3)}(t)]=s^3\mathscr{L}[f(t)]$,即

$$\mathscr{L}[t^3]=\frac{1}{s^3}\mathscr{L}[3!]=\frac{3!}{s^4}.$$

(2) 像函数的导数

$$F'(s) = -\mathscr{L}[tf(t)]. \tag{6.8}$$

$$F^{(n)}(s) = (-1)^n\mathscr{L}[t^nf(t)]. \tag{6.9}$$

证　由于 $F(s)$在 $\mathrm{Re}(s)>c$ 内解析,因而

$$\begin{aligned}F'(s) &= \frac{\mathrm{d}}{\mathrm{d}s}\int_0^{+\infty} f(t)\mathrm{e}^{-st}\mathrm{d}t \\ &= \int_0^{+\infty}\frac{\mathrm{d}}{\mathrm{d}s}[f(t)\mathrm{e}^{-st}]\mathrm{d}t \\ &= -\int_0^{+\infty} tf(t)\mathrm{e}^{-st}\mathrm{d}t = -\mathscr{L}[tf(t)].\end{aligned}$$

反复对 $F(s)$实施同样的步骤,即可得式(6.9).

例 6.7　求函数 $f(t)=t\sin \omega t$ 的拉氏变换

解　因为 $\mathscr{L}[\sin \omega t]=\frac{\omega}{s^2+\omega^2}$,根据式(6.8)有

$$\mathscr{L}[t\sin \omega t]=-\frac{\mathrm{d}}{\mathrm{d}s}\left[\frac{\omega}{s^2+\omega^2}\right]=\frac{2\omega s}{(s^2+\omega^2)^2}.$$

6.2.3　积分性质

(1) 积分的像函数

$$\mathscr{L}\left[\int_0^t f(t)\mathrm{d}t\right]=\frac{1}{s}F(s). \tag{6.10}$$

$$\mathscr{L}\underbrace{\int_0^t \mathrm{d}t\int_0^t \mathrm{d}t\cdots\int_0^t f(t)\mathrm{d}t}_{n\text{次}}=\frac{1}{s^n}F(s). \tag{6.11}$$

(2) 像函数的积分

$$\mathscr{L}\left[\frac{f(t)}{t}\right]=\int_s^{\infty} F(s)\mathrm{d}s. \tag{6.12}$$

$$\mathscr{L}\left[\frac{f(t)}{t^n}\right]=\underbrace{\int_s^{\infty}\mathrm{d}s\int_s^{\infty}\mathrm{d}s\cdots\int_s^{\infty} F(s)\mathrm{d}s}_{n\text{次}}. \tag{6.13}$$

证　设 $h(t)=\int_0^t f(t)\mathrm{d}t$,则有

$$h'(t)=f(t),h(0)=0.$$

由微分性质可得

$$\mathscr{L}[h'(t)]=s\mathscr{L}[h(t)]-h(0)=s\mathscr{L}[h(t)],$$

即　$$\mathscr{L}\left[\int_0^t f(t)\mathrm{d}t\right]=\frac{1}{s}\mathscr{L}[f(t)]=\frac{1}{s}F(s).$$

反复应用此公式便可得式(6.13).

(3) 若记 $G(s)=\int_s^{\infty}F(s)\mathrm{d}s$, 那么,利用像函数的微分性质易得

$$\int_s^{\infty}F(s)\mathrm{d}s=\mathscr{L}\left[\frac{f(t)}{t}\right].$$

当$\int_0^{+\infty}\frac{f(t)}{t}\mathrm{d}t$存在时，上式中令$s=0$，有

$$\int_0^{+\infty}\frac{f(t)}{t}\mathrm{d}t=\int_0^{+\infty}F(s)\mathrm{d}s. \tag{6.14}$$

例 6.8 求函数$f(t)=\int_0^t\frac{\sin t}{t}\mathrm{d}t$的拉氏变换.

解 由式(6.10)得

$$\mathscr{L}[f(t)]=\mathscr{L}\left[\int_0^t\frac{\sin t}{t}\mathrm{d}t\right]=\frac{1}{s}\mathscr{L}\left[\frac{\sin t}{t}\right].$$

再由式(6.12)得

$$\begin{aligned}\mathscr{L}\left[\frac{\sin t}{t}\right]&=\int_s^{\infty}\mathscr{L}[\sin t]\mathrm{d}s\\&=\int_s^{\infty}\frac{1}{s^2+1}\mathrm{d}s=\frac{\pi}{2}-\arctan s.\end{aligned}$$

故
$$\mathscr{L}\left[\int_0^t\frac{\sin t}{t}\mathrm{d}t\right]=\frac{1}{s}\left(\frac{\pi}{2}-\arctan s\right).$$

顺便可得 $\int_0^{+\infty}\frac{\sin t}{t}\mathrm{d}t=\int_0^{\infty}\frac{1}{s^2+1}\mathrm{d}s=\arctan s\Big|_0^{\infty}=\frac{\pi}{2}.$

例 6.9 计算积分$\int_0^{+\infty}\frac{\mathrm{e}^{-at}-\mathrm{e}^{-bt}}{t}\mathrm{d}t.$

解 因为$\int_0^{+\infty}\frac{f(t)}{t}\mathrm{d}t=\int_0^{\infty}F(s)\mathrm{d}s$，

所以

$$\begin{aligned}\int_0^{+\infty}\frac{\mathrm{e}^{-at}-\mathrm{e}^{-bt}}{t}\mathrm{d}t&=\int_0^{\infty}\mathscr{L}[\mathrm{e}^{-at}-\mathrm{e}^{-bt}]\mathrm{d}t\\&=\int_0^{\infty}\left(\frac{1}{s+a}-\frac{1}{s+b}\right)\mathrm{d}s\\&=\ln\frac{b}{a}.\end{aligned}$$

类似于式(6.14)，在拉氏变换的一些性质中取s为某些特定值，就可以用来求一些函数的反常积分. 如取$s=0$，由式(6.1)及式(6.8)可得

$$\int_0^{+\infty}f(t)\mathrm{d}t=F(0). \tag{6.15}$$

$$\int_0^{+\infty}tf(t)\mathrm{d}t=-F'(0). \tag{6.16}$$

需要注意的是，运用上述公式时，要注意考察反常积分的存在性.

6.2.4　延迟与位移性质

(1) 延迟性质

若 $t<0$ 时,$f(t)=0$,则对任一非负实数 τ 有

$$\mathscr{L}[f(t-\tau)]=\mathrm{e}^{-s\tau}F(s). \tag{6.17}$$

(2) 位移性质

$$F(s-a)=\mathscr{L}[\mathrm{e}^{at}f(t)]. \tag{6.18}$$

证　① 因为

$$\mathscr{L}[f(t-\tau)]=\int_0^{+\infty}f(t-\tau)\mathrm{e}^{-st}\mathrm{d}t=\int_\tau^{+\infty}f(t-\tau)\mathrm{e}^{-st}\mathrm{d}t,$$

令 $u=t-\tau$,有

$$\mathscr{L}[f(t-\tau)]=\int_0^{+\infty}f(u)\mathrm{e}^{-s(u+\tau)}\mathrm{d}u=\mathrm{e}^{-s\tau}F(s).$$

② 由定义有

$$\begin{aligned}\mathscr{L}[\mathrm{e}^{at}f(t)]&=\int_0^{+\infty}\mathrm{e}^{at}f(t)\mathrm{e}^{-st}\mathrm{d}t\\&=\int_0^{+\infty}f(t)\mathrm{e}^{-(s-a)t}\mathrm{d}t=F(s-a).\end{aligned}$$

应用延迟性质可以求周期函数的拉氏变换.

设 $f_T(t)$ 是$[0,+\infty)$内以 T 为周期的函数,且在一个周期内逐段光滑,如果 $f_T(t)=f(t)\ (0\leqslant t<T)$,则 $\mathscr{L}[f_T(t)]=\dfrac{1}{1-\mathrm{e}^{-sT}}\displaystyle\int_0^T f(t)\mathrm{e}^{-st}\mathrm{d}t$.

事实上,在第 $k+1$ 个周期内

$$f_T(t)=f(t-kT),kT\leqslant t<(k+1)T.$$

不妨设在 $t\geqslant T$ 上有 $f(t)=0$,应用延迟性质得

$$\mathscr{L}[f(t-kT)]=\mathrm{e}^{-skT}\mathscr{L}[f(t)].$$

因此

$$\begin{aligned}\mathscr{L}[f_T(t)]&=\mathscr{L}\Big[\sum_{k=0}^{\infty}f(t-kT)\Big]=\sum_{k=0}^{\infty}\mathscr{L}[f(t-kT)]\\&=\mathscr{L}[f(t)]\sum_{k=0}^{\infty}\mathrm{e}^{-skT}\\&=\frac{1}{1-\mathrm{e}^{-sT}}\int_0^T f(t)\mathrm{e}^{-st}\mathrm{d}t.\end{aligned}$$

例 6.10　求全波整流函数 $f(t)=|\sin t|\ (t>0)$的拉氏变换.

解　由式(6.18)有

$$\mathscr{L}[|\sin t|]=\frac{1}{1-\mathrm{e}^{-\pi s}}\int_0^{\pi}\sin t\mathrm{e}^{-st}\mathrm{d}t$$

$$= \frac{1}{1-e^{-\pi s}}\left[\frac{e^{-st}}{s^2+1}(-\sin t-\cos t)\right]_0^{\pi}$$

$$= \frac{1}{1-e^{-\pi s}}\frac{1+e^{-\pi s}}{s^2+1}$$

$$= \frac{1}{s^2+1}\mathrm{cth}\,\frac{\pi s}{2}.$$

例 6.11 求函数 $f(t)=\int_0^t te^t\cos t\mathrm{d}t$ 的拉氏变换.

解 由积分性质得

$$\mathscr{L}[f(t)]=\mathscr{L}\left[\int_0^t te^t\cos t\mathrm{d}t\right]=\frac{1}{s}\mathscr{L}[te^t\cos t].$$

再由微分性质知

$$\mathscr{L}[t\cos t]=-\frac{\mathrm{d}}{\mathrm{d}t}(\mathscr{L}[\cos t])=-\left(\frac{s}{s^2+1}\right)'=\frac{s^2-1}{(s^2+1)^2}.$$

应用位移性质得

$$\mathscr{L}[te^t\cos t]=\frac{(s-1)^2-1}{[(s-1)^2+1]^2},$$

故 $$\mathscr{L}\left[\int_0^t te^t\cos t\mathrm{d}t\right]=\frac{s^2-2s}{s(s^2-2s+2)^2}.$$

6.2.5 卷积定理

我们知道,两个函数的卷积是指

$$f_1(t)*f_2(t)=\int_{-\infty}^{+\infty}f_1(\tau)f_2(t-\tau)\mathrm{d}\tau,$$

但是,在拉氏变换中,我们总是约定:$t<0$ 时,$f_1(t)=f_2(t)=0$. 于是卷积公式也就变成了

$$f_1(t)*f_2(t)=\int_0^t f_1(\tau)f_2(t-\tau)\mathrm{d}\tau \quad (t\geqslant 0). \tag{6.19}$$

例 6.12 求函数 $f_1(t)=t$ 与 $f_2(t)=\sin t$ 的卷积.

解 根据式(6.19)有

$$t*\sin t=\int_0^t \tau\sin(t-\tau)\mathrm{d}\tau$$

$$=\tau\cos(t-\tau)\big|_0^t-\int_0^t\cos(t-\tau)\mathrm{d}\tau$$

$$=t-\sin t.$$

卷积定理

设 $\mathscr{L}[f_1(t)]=F_1(s)$,$\mathscr{L}[f_2(t)]=F_2(s)$,则有

$$\mathscr{L}[f_1(t)*f_2(t)]=F_1(s)\cdot F_2(s).$$

证　根据拉式变换的定义有

$$\mathscr{L}[f_1(t)*f_2(t)]=\int_0^{+\infty}[f_1(t)*f_2(t)]\mathrm{e}^{-st}\mathrm{d}t$$
$$=\int_0^{+\infty}\left[\int_0^t f_1(\tau)f_2(t-\tau)\mathrm{d}\tau\right]\mathrm{e}^{-st}\mathrm{d}t.$$

对上述二重积分，交换积分次序得

$$\mathscr{L}[f_1(t)*f_2(t)]=\int_0^{+\infty}f_1(\tau)\left[\int_\tau^{+\infty}f_2(t-\tau)\mathrm{e}^{-st}\mathrm{d}t\right]\mathrm{d}\tau.$$

令 $t-\tau=u$，则有

$$\mathscr{L}[f_1(t)*f_2(t)]=\int_0^{+\infty}f_1(\tau)\left[\int_0^{+\infty}f_2(u)\mathrm{e}^{-s(u+\tau)}\mathrm{d}u\right]\mathrm{d}\tau$$
$$=F_2(s)\int_0^{+\infty}f_2(\tau)\mathrm{e}^{-s\tau}\mathrm{d}t=F_1(s)\cdot F_2(s).$$

例 6.13　已知 $F(s)=\dfrac{s}{(s^2+1)^2}$，求 $f(t)=\mathscr{L}^{-1}[F(s)]$.

解　因 $F(s)=\dfrac{1}{s^2+1}\cdot\dfrac{s}{s^2+1}$，$\mathscr{L}^{-1}\left[\dfrac{1}{s^2+1}\right]=\sin t$，$\mathscr{L}^{-1}\left[\dfrac{s}{s^2+1}\right]=\cos t$，由卷积定理知

$$f(t)=\mathscr{L}^{-1}[F(s)]=\sin t*\cos t=\int_0^t\sin\tau\cos(t-\tau)\mathrm{d}\tau$$
$$=\frac{1}{2}\int_0^t[\sin t+\sin(2\tau-t)]\mathrm{d}\tau$$
$$=\frac{1}{2}t\sin t.$$

6.2.6　初值定理与终值定理

我们称 $f(0)$ 和 $f(0^+)=\lim\limits_{t\to0^+}f(t)$ 为 $f(t)$ 的初值，$f(+\infty)=\lim\limits_{t\to+\infty}f(t)$ 为 $f(t)$ 的终值(假定上述两个极限存在).

(1) 初值定理　若 $f'(t)$ 的拉氏变换存在，则

$$\lim_{s\to\infty}sF(s)=f(0).\tag{6.20}$$

(2) 终值定理　若 $f'(t)$ 的拉氏变换存在，且 $sF(s)$ 的所有奇点都在 s 平面的左半部($\mathrm{Re}(z)<0$)，则

$$\lim_{s\to0}sF(s)=f(+\infty).\tag{6.21}$$

证　根据拉氏变换的微分性质，有

$$\mathscr{L}[f'(t)]=s\mathscr{L}[f(t)]-f(0).$$

将此式改写为

$$sF(s)=\int_0^{+\infty}f'(t)\mathrm{e}^{-st}\mathrm{d}t+f(0).$$

令 $s\to\infty$，得

$$\lim_{s\to\infty} sF(s) = \lim_{s\to\infty}\left[\int_0^{+\infty} f'(t)\mathrm{e}^{-st}\mathrm{d}t + f(0)\right]$$
$$= \int_0^{+\infty} \lim_{s\to\infty} f'(t)\mathrm{e}^{-st}\mathrm{d}t + f(0) = f(0).$$

若令 $s\to 0$，则有

$$\lim_{s\to 0} sF(s) = \lim_{s\to 0}\left[\int_0^{+\infty} f'(t)\mathrm{e}^{-st}\mathrm{d}t + f(0)\right]$$
$$= \int_0^{+\infty} \lim_{s\to 0} f'(t)\mathrm{e}^{-st}\mathrm{d}t + f(0)$$
$$= \int_0^{+\infty} f'(t)\mathrm{d}t + f(0)$$
$$= f(t)\big|_0^{+\infty} + f(0)$$
$$= \lim_{t\to+\infty} f(t) = f(+\infty).$$

§6.3 拉氏逆变换

前面我们更多的是由已知函数 $f(t)$ 求其像函数 $F(s)$，而在实际应用中还经常需要求 $F(s)$ 的拉氏逆变换.

比较拉氏变换与傅氏变换的定义可知，实际上，函数 $f(t)$ 的拉氏变换 $F(s)=F(\beta+\mathrm{j}\omega)$ 就是 $f(t)u(t)\mathrm{e}^{-\beta t}$ 的傅氏变换，那么，按照傅氏积分公式，在 $f(t)$ 的连续点处有

$$f(t)u(t)\mathrm{e}^{-\beta t} = \frac{1}{2\pi}\int_{-\infty}^{+\infty}\left[\int_{-\infty}^{+\infty} f(\tau)u(\tau)\mathrm{e}^{-\beta\tau}\mathrm{e}^{-\mathrm{j}\omega\tau}\mathrm{d}\tau\right]\mathrm{d}\omega$$
$$= \frac{1}{2\pi}\int_{-\infty}^{+\infty}\mathrm{e}^{\mathrm{j}\omega t}\mathrm{d}\omega\left[\int_0^{+\infty} f(\tau)\mathrm{e}^{-(\beta+\mathrm{j}\omega)\tau}\mathrm{d}\tau\right]$$
$$= \frac{1}{2\pi}\int_{-\infty}^{+\infty} F(\beta+\mathrm{j}\omega)\mathrm{e}^{\mathrm{j}\omega t}\mathrm{d}\omega \quad (t>0).$$

等式两边同乘以 $\mathrm{e}^{-\beta t}$，并记 $s=\beta+\mathrm{j}\omega$，则有

$$f(t) = \frac{1}{2\pi\mathrm{j}}\int_{\beta-\mathrm{j}\infty}^{\beta+\mathrm{j}\infty} F(s)\mathrm{e}^{st}\mathrm{d}s \quad (t>0). \tag{6.22}$$

它就是由 $F(s)$ 求 $f(t)$ 的一般公式，称之为反演积分公式，其中右端的积分称之为反演积分. 借助于复积分理论，利用反演积分公式是求解拉氏逆变换的一般性方法，关于这一部分内容我们将在第七章中进一步探讨. 接下来我们将通过例题来介绍一些实用而简单求的拉氏逆变换的方法.

例 6.14 若 $F(s)=\dfrac{1}{(s^2-1)(s+1)}$，求 $f(t)=\mathscr{L}^{-1}[F(s)]$.

解法1 利用部分分式求解：

对 $F(s)$ 进行分解可得

$$F(s)=\frac{\frac{1}{4}}{s-1}-\frac{\frac{1}{4}}{s+1}-\frac{\frac{1}{2}}{(s+1)^2}.$$

由于 $\mathscr{L}^{-1}[\frac{1}{s-a}]=e^{-at}$，$\mathscr{L}^{-1}[\frac{1}{(s+1)^2}]=te^{-t}$，

故
$$f(t)=\frac{1}{4}e^t-\frac{1}{4}e^{-t}-\frac{1}{2}te^{-t}.$$

解法2 利用卷积求解：

设 $F_1(s)=\frac{1}{s-1}$，$F_2(s)=\frac{1}{(s+1)^2}$，则 $F(s)=F_1(s)F_2(s)$，而 $f_1(t)=\mathscr{L}^{-1}[F_1(s)]=e^t$，$f_2(t)=\mathscr{L}^{-1}[\frac{1}{(s+1)^2}]=te^{-t}$，那么，根据卷积定理有

$$\begin{aligned}f(t)&=f_2(t)*f_1(t)=\int_0^t \tau e^{-\tau}e^{(t-\tau)}d\tau\\&=e^t[-\frac{1}{2}te^{-2t}-\frac{1}{4}e^{-2t}+\frac{1}{4}]\\&=\frac{1}{4}e^t-\frac{1}{4}e^{-t}-\frac{1}{2}te^{-t}.\end{aligned}$$

除了利用部分分式，查表和卷积定理几种方法之外，利用拉氏变换的基本性质求解拉氏逆变换也是一种常用的方法.

例6.15 已知 $F(s)=\frac{s+1}{[(s+1)^2+4]^2}$，求 $f(t)=\mathscr{L}^{-1}[F(s)]$.

解 由拉氏变换的位移性质知

$$f(t)=\mathscr{L}^{-1}\left[\frac{s+1}{((s+1)^2+4)^2}\right]=e^{-t}\mathscr{L}^{-1}\left[\frac{s}{(s^2+4)^2}\right].$$

再由拉氏变换的微分性质得

$$\begin{aligned}\mathscr{L}^{-1}\left[\frac{s}{(s^2+4)^2}\right]&=-\frac{1}{2}\mathscr{L}^{-1}\left[\left(\frac{1}{s^2+4}\right)'\right]\\&=\frac{t}{2}\mathscr{L}^{-1}\left[\frac{1}{(s^2+4)}\right]=\frac{t}{4}\sin 2t.\end{aligned}$$

故 $f(t)=\frac{t}{4}e^{-t}\sin 2t$.

§6.4 拉氏变换的应用

我们知道，工程中许多系统可以用微分方程或积分方程来描述，用拉氏变换来求解这些方程是一种非常简便有效的方法．甚至有些微分方程（组）或积分方程用经典方法求不出其解析解，而用拉氏变换方法却可以找到其解析解．利用拉氏变换的求解过程是：首先，通过拉氏变换将微分方程或积分方程化为代数方程；其次，求解代数方程得到像解；最后，通过拉氏逆变换求得原解．具体做法见下面的例子．

6.4.1 微分方程、积分方程的拉氏变换解法

例 6.16 求方程 $x'''(t)-3x''(t)+3x'(t)-x(t)=8\mathrm{e}^{-t}$ 满足初始条件 $x(0)=x'(0)=x''(0)=0$ 的解．

解 设 $\mathscr{L}[x(t)]=X(s)$，对方程两边取拉氏变换，根据拉氏变换的微分性质并考虑到初始条件，则得

$$s^3X(s)-3s^2X(s)+3sX(s)-X(s)=\frac{8}{s+1},$$

于是

$$\begin{aligned}X(s)&=\frac{8}{(s+1)(s-1)^3}\\&=-\frac{1}{s+1}+\frac{1}{s-1}-\frac{2}{(s-1)^2}+\frac{4}{(s-1)^3}.\end{aligned}$$

取逆变换，得

$$x(t)=-\mathrm{e}^{-t}+\mathrm{e}^t-2t\mathrm{e}^t+2t^2\mathrm{e}^t.$$

例 6.17 求解微分方程组

$$\begin{cases}x'(t)+x(t)-y(t)=\mathrm{e}^t,\\y'(t)+3x(t)-2y(t)=2\mathrm{e}^t,\end{cases}\quad x(0)=y(0)=1.$$

解 设 $\mathscr{L}[x(t)]=X(s)$，$\mathscr{L}[y(t)]=Y(s)$，对两方程两边取拉氏变换，并考虑到初始条件，得

$$\begin{cases}sX(s)-1+X(s)-Y(s)=\dfrac{1}{s-1},\\sY(s)-1+3X(s)-2Y(s)=\dfrac{2}{s-1}.\end{cases}$$

解之得 $X(s)=Y(s)=\dfrac{1}{s-1}$.

取拉氏逆变换得原微分方程组的解为

$$x(t)=y(t)=\mathrm{e}^t.$$

例 6.18　求解积分方程

$$f(t) = \sin t+\int_0^t \sin (t-\tau)f(\tau)\mathrm{d}\tau.$$

解　设 $\mathscr{L}[f(t)] = F(s)$，因为 $\mathscr{L}[\sin t] = \frac{1}{s^2+1}$，$f(t) * \sin t = \int_0^t \sin (t-\tau)f(\tau)\mathrm{d}\tau$，所以对原方程两边取拉氏变换，并考虑到卷积定理有

$$F(s)=\frac{1}{s^2+1}+F(s)\cdot\frac{1}{s^2+1},$$

那么

$$F(s)=\frac{1}{s^2}.$$

取拉氏逆变换得原方程的解为

$$f(t)=t.$$

6.4.2　应用实例

从以上例子可以看出：利用拉氏变换求解微分方程，可以很方便地直接找到其特解，实际应用当中需要的往往是特解而非通解，它避免了通过通解找特解的复杂运算. 另外，在求解一些积分方程、变系数微分方程的运算中，拉氏变换也是一种重要的有效的工具，特别是在一些实际应用当中，工程师更喜欢应用拉氏变换来求解一些微分、积分方程. 下面给出几个实例.

例 6.19　如图 6.1 所示，质量为 m 的物体挂在弹簧系数为 k 的弹簧一端，作用在物体上的外力 $f(t)=F_0\delta(t)$，其中 F_0 为常数，$\delta(t)$是单位脉冲函数，若物体自静止平衡位置 $x=0$ 处开始运动，求物体的运动规律 $x(t)$.

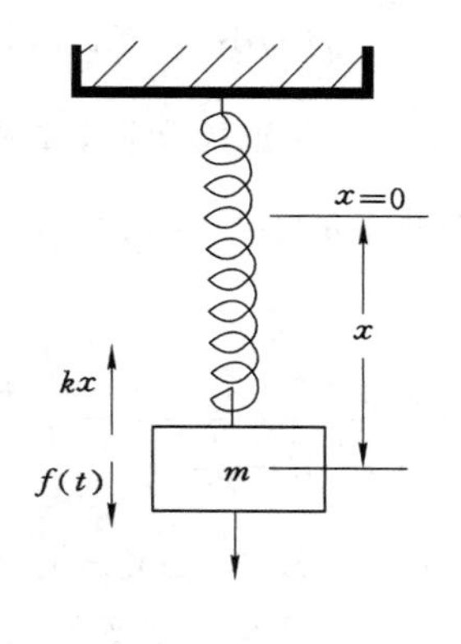

图 6.1

解　根据牛顿定律与 Hooke 定律有

$$mx''(t)=F_0\delta(t)-kx(t).$$

其中，$-kx(t)$是弹性恢复力，且 $x(0)=x'(0)=0$. 那么，物体运动的初值问题为

$$mx''(t)+kx(t)=F_0\delta(t),x(0)=x'(0)=0.$$

设 $\mathscr{L}[x(t)]=X(s)$，对方程两边取拉氏变换，并考虑到初始条件，则得

$$ms^2X(s)+kX(s)=F_0.$$

记 $w_0^2=\dfrac{k}{m}$，则有 $X(s)=\dfrac{F_0}{m(s^2+w_0^2)}$.

取拉氏逆变换得所求运动规律为

$$x(t)=\frac{F_0}{mw_0}\sin w_0 t.$$

例 6.20 如图 6.2 所示，起始状态为 0，$t=0$ 时开关 S 闭合，接入直流电源 E，求电流 $i(t)$.

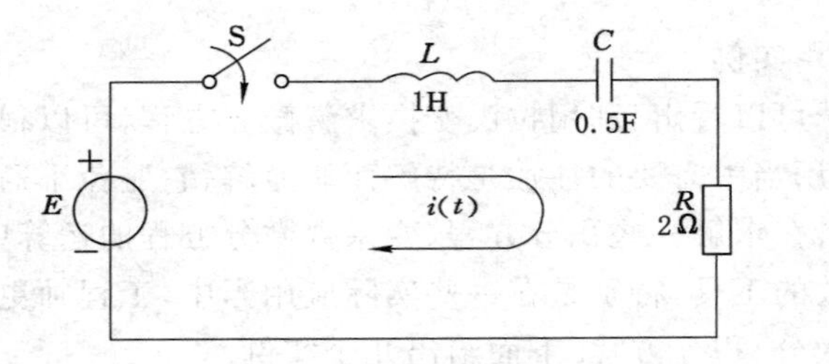

图 6.2

解 根据基尔霍夫定律，有

$$L\frac{\mathrm{d}i(t)}{\mathrm{d}t}+Ri(t)+\frac{1}{C}\int_{-\infty}^{t}i(\tau)\mathrm{d}\tau=Eu(t),i(0)=i'(0)=0.$$

设 $\mathscr{L}[i(t)]=I(s)$，对方程两边取拉氏变换，并考虑到初始条件，有

$$LsI(s)+RI(s)+\frac{1}{Cs}I(s)=\frac{E}{s},$$

那么

$$I(s)=\frac{E}{s\left[Ls+R+\dfrac{1}{Cs}\right]}=\frac{E}{(s+1)^2+1}.$$

取拉氏逆变换得电流 $\quad i(t)=E\mathrm{e}^{-t}u(t)\sin t.$

下面给出一个拉普拉斯变换在弹性地基梁静力学分析中应用的例子.

例 6.21 设局部弹性地基上的梁，在荷载 $q(x)$作用下，梁和地基的位移为 $y(x)$，梁和地基的压力为 $p(x)$. 根据温克尔假设，地基沉陷与压力的关系为

$$p(x)=ky(x).$$

其中,系数 k 的量纲为千克/厘米^2.

弹性地基梁的挠曲线的近似微分方程为

$$EIy^{(4)}(x)=q(x)-ky(x),$$

即

$$y^{(4)}(x)+\left(\frac{k}{EI}\right)y(x)=\frac{q(x)}{EI}. \tag{6.23}$$

当梁上作用集中荷载时,上式应该写为

$$y^{(4)}(x)+\left(\frac{k}{EI}\right)y(x)=\frac{P\delta(x-a)}{EI}. \tag{6.24}$$

其中,P 是作用在弹性地基梁 $x=a$ 处的集中力;$\delta(x-a)$为 Dirac 函数.

下面我们仅讨论半无限长梁的计算问题.

为方便记,令$\frac{k}{EI}=4\beta^4$,设 $\mathscr{L}[y(x)]=F(s)$.

对方程(6.24)两边实施拉普拉斯变换有

$$s^4F(s)-s^3y_0-s^2y'_0-sy''_0-y_0^{(3)}+4\beta^4F(s)=\frac{Pe^{-sa}}{EI}.$$

那么,$F(s)=\dfrac{s^3y_0+s^2y'_0+sy''_0+y_0^{(3)}}{s^4+4\beta^4}+\dfrac{Pe^{-sa}}{EI(s^4+4\beta^4)}$.

取拉氏逆变换则得

$$\begin{aligned}y(x)=&y_0\cos\beta x\operatorname{ch}\beta x+\left(\frac{y'_0}{2\beta}\right)(\sin\beta x\operatorname{ch}\beta x+\cos\beta x\operatorname{sh}\beta x)+\\&\left(\frac{y''_0}{2\beta^2}\right)(\sin\beta x\operatorname{sh}\beta x)+\left(\frac{y_0^{(3)}}{4\beta^3}\right)(\sin\beta x\operatorname{ch}\beta x-\cos\beta x\operatorname{sh}\beta x)+\\&\left(\frac{P}{4\beta^3EI}\right)(\sin\beta x\operatorname{ch}\beta x-\cos\beta x\operatorname{sh}\beta x)u(x-a).\end{aligned}$$

其中,$u(x-a)=\begin{cases}0, & 0\leqslant x<a,\\1, & x\geqslant a.\end{cases}$

微分方程式(6.23)和式(6.24)分别为弹性地基梁在均匀荷载和集中荷载作用下的基本微分方程式. 其中方程(6.23)可用一般微分方程理论求解,但方程(6.24)则无法采用一般微分方程理论求解.

拉氏变换把诸如微分、积分等运算转变成了代数运算,使相关运算得以简化,同时它还可以解决一些常规方法无法求解的问题,因此它是处理许多工程问题的简便有力的工具. 另外它最重要的贡献之一,则是奠定了微积分算子的基础. 因此,拉氏变换也具有重大的理论意义.

6.4.3　拉普拉斯变换及其逆变换的 MATLAB 实现

在 MATLAB 中,用 syms 命令申明符号变量 t,描述时域表达式 f,直接调用 laplace 命令来实现傅立叶变换. 该命令的调用格式如下：

```
F=laplace(f)          %采用默认 t 为时域变量
F=laplace(f,v,u)      %指定时域变量 v 和频域变量名 u
```

使用 ifourier 命令求解傅立叶逆变换,具体调用格式如下：

```
f=ilaplace(F)         %按默认变量进行拉氏逆变换
f=ilaplace(F,u,v)     %用户指定时域变量 v 和频域变量名 u
```

例 6.22 求函数 $f(t)=te^t+\sin 2t$ 的拉氏变换.

解 在 MATLAB 工作窗口输入：

```
L1=laplace(t*exp(t)+sin(2*t))
```

运行结果为：

```
L1=
1/(s-1)^2+2/(s^2+4)
```

例 6.23 求函数 $F(u)=\dfrac{2}{u^2+a^2}$ 的拉氏逆变换.

解 在 MATLAB 工作窗口输入：

```
syms u a w t;
L1=ilaplace(2/(u^2+a^2))
```

运行结果为：

```
L1 =
(2*sin(a*t))/a
```

习 题 六

6.1 求下列函数的拉氏变换：

(1) $f(t)=t^2$； (2) $f(t)=e^{-5t}$；

(3) $f(t)=\sin\dfrac{t}{2}$； (4) $f(t)=\sin^2 t$.

6.2 求下列函数的拉氏变换：

(1) $f(t)=\begin{cases}3, & 0\leqslant t<2,\\ -1, & 2\leqslant t<4,\\ 0, & t\geqslant 4;\end{cases}$ (2) $f(t)=\begin{cases}\sin t, & 0<t<\pi,\\ 0, & t\geqslant\pi;\end{cases}$

(3) $f(t)=e^{2t}+\delta(t)$； (4) $f(t)=\delta(t)\cos t-u(t)\sin t$.

6.3 设 $\mathscr{L}[f(t)]=F(s)$,证明：$\mathscr{L}\left[\dfrac{1}{b}f\left(\dfrac{t}{b}\right)\right]=F(bs)\ (b>0)$.

6.4 利用拉氏变换的性质,求下列函数的拉氏变换：

(1) $f(t)=(t-1)^2\mathrm{e}^t$；　　(2) $f(t)=\dfrac{\mathrm{e}^{3t}}{\sqrt{t}}$；

(3) $f(t)=\dfrac{\mathrm{d}^2}{\mathrm{d}t^2}(\mathrm{e}^{-t}\sin t)$；　　(4) $f(t)=\mathrm{e}^{-4t}\cos 4t$；

(5) $f(t)=t\mathrm{e}^{-3t}\sin 2t$；　　(6) $f(t)=t\int_0^t \mathrm{e}^{-3t}\sin 2t\mathrm{d}t$.

6.5　求下列函数的拉氏逆变换：

(1) $F(s)=\dfrac{-2}{s^2-1}$；　　(2) $F(s)=\dfrac{1}{s^2+a^2}$；

(3) $F(s)=\dfrac{2s+3}{s^2+9}$；　　(4) $F(s)=\dfrac{\mathrm{e}^{-5s+1}}{s}$；

(5) $F(s)=\dfrac{1}{(s+2)^4}$；　　(6) $F(s)=\dfrac{s}{s^4+5s^2+4}$.

6.6　求下列函数的拉氏逆变换的初值与终值：

(1) $F(s)=\dfrac{10(s+2)}{s(s+5)}$；　　(2) $F(s)=\dfrac{1}{(s+3)^2}$.

6.7　求下列函数的卷积：

(1) $t*t$；　　(2) $t*\mathrm{e}^t$；

(3) $u(t-a)*f(t)$；　　(4) $\delta(t-a)*f(t)$.

6.8　利用卷积定理求下列函数的拉氏逆变换：

(1) $F(s)=\dfrac{a}{s(s^2+a^2)}$；　　(2) $F(s)=\dfrac{s}{(s^2+a^2)^2}$；

(3) $F(s)=\dfrac{s}{(s-a)^2(s-b)}$.

6.9　求下列微分方程的解：

(1) $y'-y=\mathrm{e}^{2t}+t, y(0)=0$；

(2) $y''+3y'+2y=u(t-1), y(0)=0, y'(0)=1$；

(3) $y''+2y'-3y=\mathrm{e}^{-t}, y(0)=0, y'(0)=1$；

(4) $y''+3y'+y=3\cos t, y(0)=0, y'(0)=1$；

(5) $y'''-3y''+3y'-y=6\mathrm{e}^t, y(0)=y'(0)=y''(0)=0$；

(6) $y^{(4)}+2y'''-2y'-y=\delta(t), y(0)=y'(0)=y''(0)=y'''(0)=0$.

6.10　求下列微分方程组的解：

(1) $\begin{cases} x'+y''=\delta(t), \\ 2x+y'''=2u(t), \end{cases}$　$x(0)=y(0)=y'(0)=y''(0)=0$.

(2) $\begin{cases} x''-x+y+z=0, \\ x+y''-y+z=0, \\ x+y+z''-z=0, \end{cases}$　$x(0)=1, y(0)=z(0)=x'(0)=y'(0)=z'(0)=0$.

(3) $\begin{cases} x''(t)-y'(t)+x(t)=t, \\ x'(t)+y'(t)-y(t)=0, \end{cases}$ $x(0)=0, x'(0)=y(0)=1.$

(4) $\begin{cases} x''(t)+y'(t)-x'(t)=t, \\ y''(t)-x'(t)+2x(t)=\mathrm{e}^{t}, \end{cases}$ $x(0)=x'(0)=1, y(0)=0, y'(0)=1.$

6.11　设在原点处质量为 m 的一质点，当 $t=0$ 时在 x 方向上受到冲击力 $k\delta(t)$ 的作用，其中 k 为常数，假定质点的初速度为零，求其运动规律.

第7章　级　　数

高等数学中已经学习了级数的相关知识，本章将级数在复数域上进行推广，得到复数的常数项级数，复平面上的函数项级数、幂级数和罗朗级数．级数在解决各种实际问题中有着广泛的应用，它既是研究零点、奇点（特别是极点）的有力工具，也是微分方程中幂级数解法的理论基础，所以它是整个教材中很重要的一部分．学习本章内容最好的方法是结合高等数学的级数部分，用对比的方法进行．

§7.1　收敛序列与收敛级数

7.1.1　收敛序列

设 $z_1=x_1+iy_1, z_2=x_2+iy_2, \cdots, z_n=x_n+iy_n$，在这里，$z_n$ 是复数，$\mathrm{Re}\, z_n=x_n$，$\mathrm{Im}\, z_n=y_n$，一般简单记为 $\{z_n\}$，称为复数序列，z_n 称为序列的一般项．按照 $\{|z_n|\}$ 是有界或无界序列，我们也称 $\{z_n\}$ 为有界或无界序列．

定义 7.1　设 z_0 是一个复常数．如果任给 $\varepsilon>0$，可以找到一个正整数 N，使得当 $n>N$ 时

$$|z_n-z_0|<\varepsilon,$$

那么我们说 $\{z_n\}$ 收敛或有极限 z_0，或者说 $\{z_n\}$ 是收敛序列，并且收敛于 z_0，记作

$$\lim_{n\to+\infty} z_n=z_0.$$

如果序列 $\{z_n\}$ 不收敛，则称 $\{z_n\}$ 发散，或者说它是发散序列．

在几何上，收敛序列表现为当 n 充分大时，z_n 就落在了 z_0 的以 ε 为半径的邻域内．ε 越小，n 就越大，z_n 距 z_0 也就越近，即 N 依赖于 ε．

可以证明，如果 $\{z_n\}$ 收敛于 z_0，则 z_0 必唯一．

定理 7.1　设序列 $z_n=x_n+iy_n(n=1,2,\cdots)$，$z_0=x_0+iy_0$，则

$$\lim_{n\to\infty} z_n=z_0$$

成立的充分必要条件是

$$\lim_{n\to\infty} x_n=x_0, \lim_{n\to\infty} y_n=y_0.$$

证　必要性．因为 $\lim\limits_{n\to\infty} z_n=z_0$，所以任给 $\varepsilon>0$，总存在一个正整数 N，使得当

$n>N$ 时，有

$$|z_n-z_0|<\varepsilon,$$

即

$$|(x_n+\mathrm{i}y_n)-(x_0+\mathrm{i}y_0)|<\varepsilon.$$

而

$$|x_n-x_0|\leqslant|(x_n-x_0)+\mathrm{i}(y_n-y_0)|<\varepsilon,$$
$$|y_n-y_0|\leqslant|(x_n-x_0)+\mathrm{i}(y_n-y_0)|<\varepsilon.$$

所以，$\lim\limits_{n\to\infty}x_n=x_0$，$\lim\limits_{n\to\infty}y_n=y_0$ 成立.

充分性. 如果任给 $\varepsilon>0$，总存在正整数 N_1，N_2，使得当 $n>N_1$ 时，有

$$|x_n-x_0|<\frac{\varepsilon}{2}.$$

当 $n>N_2$ 时，有

$$|y_n-y_0|<\frac{\varepsilon}{2},$$

取 $N=\max\{N_1,N_2\}$，当 $n>N$ 时

$$|x_n-x_0|<\frac{\varepsilon}{2},|y_n-y_0|<\frac{\varepsilon}{2}$$

同时成立，从而有

$$|(x_n+\mathrm{i}y_n)-(x_0+\mathrm{i}y_0)|\leqslant|x_n-x_0|+|y_n-y_0|<\varepsilon.$$

即

$$|z_n-z_0|<\varepsilon$$

成立，也就是 $\lim\limits_{n\to\infty}z_n=z_0$，定理得证.

因此，有下面的注解：

(1) 序列 $\{z_n\}$ 收敛(于 z_0)的充分与必要条件是：序列 $\{x_n\}$ 收敛(于 x_0)，以及序列 $\{y_n\}$ 收敛(于 y_0).

(2) 复数序列也可以解释为复平面上的点列，于是点列 $\{z_n\}$ 收敛于 z_0，或者说有极限点 z_0 的定义用几何语言可以叙述为：任给 z_0 的一个邻域，相应地可以找到一个正整数 N，使得当 $n>N$ 时，z_n 在这个邻域内.

(3) 利用两个实数序列的相应结果，我们可以证明，两个收敛复数序列的和、差、积、商仍收敛，并且其极限是相应极限的和、差、积、商.

7.1.2 数项级数

定义 7.2 设 $\{z_n\}(n=1,2,\cdots)$ 为一复数序列，表达式

$$\sum_{n=1}^{\infty}z_n=z_1+z_2+\cdots+z_n+\cdots$$

称为复数项无穷级数.定义其部分和序列为

$$S_n=z_1+z_2+\cdots+z_n.$$

如果序列$\{S_n\}$收敛,那么我们说级数$\sum_{n=1}^{\infty}z_n$收敛;如果$\{S_n\}$的极限是S,那么说$\sum_{n=1}^{\infty}z_n$的和是S,或者说$\sum_{n=1}^{\infty}z_n$收敛于S,记作

$$\sum_{n=1}^{\infty}z_n=S.$$

如果序列$\{S_n\}$发散,那么我们说级数$\sum_{n=1}^{\infty}z_n$发散.

我们有下面的注解:

(1) 对于一个复数序列$\{z_n\}$,我们可以作一个复数项级数如下

$$z_1+(z_2-z_1)+(z_3-z_2)+\cdots+(z_n-z_{n-1})+\cdots,$$

则序列$\{z_n\}$的敛散性和此级数的敛散性相同.

(2) 级数$\{z_n\}$收敛于S的$\varepsilon-N$定义可以叙述为:

任给$\varepsilon>0$,总存在一个正整数N,使得当$n>N$时,有

$$\left|\sum_{k=1}^{\infty}z_k-S\right|<\varepsilon.$$

(3) 如果级数$\{z_n\}$收敛,那么

$$\lim_{n\to\infty}z_n=\lim_{n\to\infty}(S_n-S_{n-1})=0.$$

(4) 设$z_n=x_n+\mathrm{i}y_n(n=1,2,\cdots)$,$S=X+\mathrm{i}Y$,那么

$$\sum_{n=1}^{\infty}z_n=S$$

的充分与必要条件是

$$\sum_{n=1}^{\infty}x_n=X,\sum_{n=1}^{\infty}y_n=Y$$

同时成立.

(5) 关于实数项级数的一些基本结果,可以不加改变地推广到复数项级数,请读者自己思考.

定理 7.2 级数$\sum_{n=1}^{\infty}z_n$收敛的必要条件是

$$\lim_{n\to\infty}z_n=\lim_{n\to\infty}(x_n+\mathrm{i}y_n)=0.$$

证 由于$\sum_{n=1}^{\infty}z_n$收敛,则$\sum_{n=1}^{\infty}x_n$,$\sum_{n=1}^{\infty}y_n$均收敛,则

$$\lim_{n\to\infty}x_n=0,\lim_{n\to\infty}y_n=0,$$

从而$\lim\limits_{n\to\infty} z_n=0$.

定理 7.3 如果$\sum\limits_{n=1}^{\infty}|z_n|$收敛,则$\sum\limits_{n=1}^{\infty}z_n$ 也收敛.

证 因为$\sum\limits_{n=1}^{\infty}|z_n|=\sum\limits_{n=1}^{\infty}\sqrt{x_n^2+y_n^2}$,且

$$|x_n|\leqslant\sqrt{x_n^2+y_n^2},\ |y_n|\leqslant\sqrt{x_n^2+y_n^2}.$$

根据正项级数的比较判别法易知$\sum\limits_{n=1}^{\infty}|x_n|$,$\sum\limits_{n=1}^{\infty}|y_n|$均收敛,从而$\sum\limits_{n=1}^{\infty}x_n$,$\sum\limits_{n=1}^{\infty}y_n$ 均收敛,于是$\sum\limits_{n=1}^{\infty}z_n$ 也收敛.

定义 7.3 如果级数$\sum\limits_{n=1}^{\infty}|z_n|$收敛,则称级数$\sum\limits_{n=1}^{\infty}z_n$ 绝对收敛;如果$\sum\limits_{n=1}^{\infty}|z_n|$发散,而$\sum\limits_{n=1}^{\infty}z_n$ 收敛,则称级数$\sum\limits_{n=1}^{\infty}z_n$ 条件收敛.

我们有下面的注解:

(1) 级数$\sum\limits_{n=1}^{\infty}z_n=\sum\limits_{n=1}^{\infty}(x_n+\mathrm{i}y_n)$绝对收敛必要与充分条件是:级数$\sum\limits_{n=1}^{\infty}x_n$ 以及$\sum\limits_{n=1}^{\infty}y_n$ 均绝对收敛.

(2) 若级数$\sum\limits_{n=1}^{\infty}z_n$ 绝对收敛,则$\sum\limits_{n=1}^{\infty}z_n$ 一定收敛.

例 7.1 判断下列级数的收敛性:

(1) $\sum\limits_{n=1}^{\infty}(\frac{1}{n}+\frac{\mathrm{i}}{3^n})$; (2)$\sum\limits_{n=1}^{\infty}\frac{\mathrm{i}^n}{n}$; (3)$\sum\limits_{n=0}^{\infty}\frac{\cos \mathrm{i}n}{2^n}$.

解 (1) 由于级数$\sum\limits_{n=1}^{\infty}\frac{1}{n}$ 发散,故原级数发散.

(2) 由于

$$\sum_{n=1}^{\infty}\frac{\mathrm{i}^n}{n}=-\left(\frac{1}{2}-\frac{1}{4}+\frac{1}{6}-\frac{1}{8}+\cdots\right)+\mathrm{i}\left(1-\frac{1}{3}+\frac{1}{5}-\frac{1}{7}+\cdots\right),$$

且右边级数的实部与虚部组成的级数均收敛,故$\sum\limits_{n=1}^{\infty}\frac{\mathrm{i}^n}{n}$ 收敛. 但

$$\sum_{n=1}^{\infty}\left|\frac{\mathrm{i}^n}{n}\right|=\sum_{n=1}^{\infty}\frac{1}{n}$$

发散,所以$\sum\limits_{n=1}^{\infty}\frac{\mathrm{i}^n}{n}$ 条件收敛,而非绝对收敛.

(3) $\sum_{n=0}^{\infty} \frac{\cos in}{2^n} = \sum_{n=0}^{\infty} \frac{1}{2}\left(\frac{e^{-n}+e^n}{2^n}\right)$,

而

$$\lim_{n\to\infty}\frac{e^{-n}+e^n}{2^n}=\infty,$$

所以原级数发散.

7.1.3　函数项级数

定义 7.4　设$\{f_n(z)\}(n=1,2,\cdots)$为区域 D 内的函数,则称

$$\sum_{n=1}^{\infty} f_n(z) = f_1(z)+f_2(z)+\cdots+f_n(z)+\cdots$$

为区域 D 内的函数项级数. 该级数前 n 项的和

$$S_n(z)=f_1(z)+f_2(z)+\cdots+f_n(z)$$

称为级数的部分和.

设 z_0 是区域 D 内的任一点,如果

$$\lim_{n\to\infty} S_n(z_0)=S(z_0)$$

存在,则称级数 $\sum_{n=1}^{\infty} f_n(z)$ 在 z_0 处是收敛的,且 $S_n(z_0)$ 是它的和,即 $\sum_{n=1}^{\infty} f_n(z_0) = S(z_0)$. 如果级数在 D 内处处收敛,这时,级数 $\sum_{n=1}^{\infty} f_n(z)$ 的和是 D 内的一个函数 $S(z)$,即

$$\sum_{n=1}^{\infty} f_n(z) = S(z).$$

§7.2　幂　级　数

7.2.1　幂级数的概念

定义 7.5　设 $C_n(n=0,1,2,\cdots)$及 z_0 均为复常数,z 是 z_0 邻域内的任一点,则称形如

$$\sum_{n=0}^{\infty} C_n(z-z_0)^n = C_0+C_1(z-z_0)+C_2(z-z_0)^2+\cdots+C_n(z-z_0)^n+\cdots$$

的函数项级数称为幂级数.

$$S_n(z)=C_0+C_1(z-z_0)+C_2(z-z_0)^2+\cdots+C_{n-1}(z-z_0)^{n-1}$$

称为幂级数 $\sum_{n=0}^{\infty} C_n(z-z_0)^n$ 的部分和. 若级数在区域 D 内收敛于函数 $S(z)$,则称 $S(z)$ 是幂级数在 D 内的一个和函数,即

$$S(z)=C_0+C_1(z-z_0)+C_2(z-z_0)^2+\cdots+C_n(z-z_0)^n+\cdots.$$

如果令 $u=z-z_0$，则幂级数 $\sum\limits_{n=0}^{\infty}C_n(z-z_0)^n$ 可写成以下形式（这里 u 仍改写成 z）

$$\sum_{n=0}^{\infty}C_nz^n=C_0+C_1z+C_2z^2+\cdots+C_nz^n+\cdots.$$

与实变量的幂级数一样，对复数项幂级数，我们主要讨论 $\sum\limits_{n=0}^{\infty}C_nz^n$.

定理 7.4 若幂级数

$$\sum_{n=0}^{\infty}C_nz^n=C_0+C_1z+C_2z^2+\cdots+C_nz^n+\cdots$$

在 $z=z_1(z_1\neq 0)$ 处收敛，那么该级数对任意满足 $|z|<|z_1|$ 的任意 z 都绝对收敛. 若在 $z=z_2$ 处发散，那么该级数对任意满足 $|z|>|z_2|$ 的任意 z 都发散.

这个定理称为阿贝尔定理.

证 (1) 设级数 $\sum\limits_{n=0}^{\infty}C_nz_1^n$ 收敛，那么

$$\lim_{n\to\infty}C_nz_1^n=0,$$

即存在 $M>0$，使

$$|C_nz_1^n|\leqslant M(n=0,1,2,\cdots).$$

若记

$$\rho=\frac{|z|}{|z_1|}(|z_1|>|z|),$$

则

$$|C_nz^n|=|C_nz_1^n|\left|\frac{z}{z_1}\right|^n\leqslant M\rho^n.$$

由于几何级数 $\sum\limits_{n=0}^{\infty}M\rho^n$（公比 $\rho<1$）收敛，故对任一满足 $|z|<|z_1|$ 的任意 z，级数 $\sum\limits_{n=0}^{\infty}|C_nz^n|$ 都收敛，从而级数 $\sum\limits_{n=0}^{\infty}C_nz^n$ 绝对收敛.

(2) 若 $\sum\limits_{n=0}^{\infty}C_nz_2^n$ 发散，那么该级数对任意满足 $|z|>|z_2|$ 的任意 z 都发散. 否则，若 $|z|>|z_2|$ 时，级数 $\sum\limits_{n=0}^{\infty}C_nz^n$ 在 z 处收敛，则由(1)的证明知级数 $\sum\limits_{n=0}^{\infty}C_nz^n$ 在 z_2 处必收敛，矛盾.

一般地，对幂级数

$$\sum_{n=0}^{\infty} C_n (z-z_0)^n,$$

若 z_1 是其收敛点，那么对所有满足

$$|z-z_0|<|z_1-z_0|$$

的点 z，该级数均绝对收敛. 同理，若级数

$$\sum_{n=0}^{\infty} C_n \frac{1}{(z-z_0)^n}$$

在 $z_1(z_1\neq z_0)$处收敛，则该级数在所有满足

$$|z-z_0|>|z_1-z_0|$$

的 z 处均绝对收敛.

7.2.2 幂级数的收敛半径

由定理 6.4 知，对每一个收敛点 z_1，级数 $\sum\limits_{n=0}^{\infty} C_n z^n$ 都相应的有一个收敛区域 $|z|<|z_1|$，所以，我们称距原点最远的收敛点相应的收敛区域称为该级数的收敛圆盘，收敛圆盘的半径称为该级数的收敛半径.

例如，对于幂级数

$$1+z+\frac{z^2}{2^2}+\cdots+\frac{z^n}{n^n}+\cdots,$$

如果固定 z，则从某个 n 以后，总有 $\frac{|z|}{n}<\frac{1}{2}$. 于是从这个 n 以后，有 $\left|\frac{z^n}{n^n}\right|<\left(\frac{1}{2}\right)^n$，故该级数对任意的 z 均收敛，它的收敛半径为无穷大.

又如，对幂级数

$$1+z+2!\ z^2+\cdots+n!\ z^n+\cdots,$$

当 $z\neq 0$ 时，

$$\lim_{n\to\infty} n!\,z^n\neq 0,$$

故该级数处处发散，收敛半径为零.

我们自然会产生一个问题：如何去求幂级数的收敛半径 R? 我们有如下的比值法和根值法.

定理 7.5 若(1)比值法：$\lim\limits_{n\to\infty}\left|\frac{C_{n+1}}{C_n}\right|=\lambda$,

(2) 根值法：$\lim\limits_{n\to\infty}\sqrt[n]{|C_n|}=\lambda$.

则该级数的收敛半径为

$$R=\begin{cases}\dfrac{1}{\lambda}, & 0<\lambda<+\infty,\\ 0, & \lambda=+\infty,\\ +\infty, & \lambda=0.\end{cases}$$

证 (1) 若$\lim\limits_{n\to\infty}\left|\dfrac{C_{n+1}}{C_n}\right|=\lambda(0\leqslant\lambda<+\infty)$,则当

$$\lim_{n\to\infty}\left|\frac{C_{n+1}z^{n+1}}{C_nz^n}\right|=|z|\lambda<1,$$

即$|z|<R$时级数$\sum\limits_{n=0}^{\infty}C_nz^n$绝对收敛. 对$|z_1|>R$,若$\sum\limits_{n=0}^{\infty}C_nz_1^n$收敛,则任取$z_2(R<|z_2|<|z_1|)$,级数$\sum\limits_{n=0}^{\infty}C_nz_2^n$绝对收敛,但此时有

$$\lim_{n\to\infty}\left|\frac{C_{n+1}z_2^{n+1}}{C_nz_2^n}\right|>1,$$

矛盾. 从而,级数$\sum\limits_{n=0}^{\infty}C_nz^n$的收敛半径为$R$.

(2) 若$\lim\limits_{n\to\infty}\sqrt[n]{|C_n|}=\lambda$,同理可证,当

$$\lim_{n\to\infty}\sqrt[n]{|C_nz^n|}=|z|\lambda<1$$

时级数$\sum\limits_{n=0}^{\infty}C_nz^n$绝对收敛,而当$|z|>R$时,级数$\sum\limits_{n=0}^{\infty}C_nz^n$发散,级数的收敛半径为$R$.

由定理7.5,得到求收敛半径的步骤如下:

(1) 计算$\lim\limits_{n\to\infty}\left|\dfrac{C_{n+1}}{C_n}\right|=\lambda$或$\lim\limits_{n\to\infty}\sqrt[n]{|C_n|}=\lambda$;

(2) 若$\lambda\neq0$或$+\infty$,则收敛半径为$\dfrac{1}{\lambda}$.

若$\lambda=0$,则收敛半径为$+\infty$;

若$\lambda=+\infty$,则收敛半径为0.

例 7.2 求下列级数的收敛半径:

(1) $\sum\limits_{n=0}^{\infty}z^n$;　　(2) $\sum\limits_{n=0}^{\infty}\dfrac{(-1)^nz^n}{n}$;

(3) $\sum\limits_{n=0}^{\infty}\dfrac{z^n}{n^2}$;　　(4) $\sum\limits_{n=0}^{\infty}\dfrac{z^n}{n!}$;

(5) $\sum\limits_{n=0}^{\infty}n!z^n$;　　(6) $\sum\limits_{n=0}^{\infty}\dfrac{(z-3)^n}{n}$.

解 (1) $\lim\limits_{n\to\infty}\left|\dfrac{C_{n+1}}{C_n}\right|=\lim\limits_{n\to\infty}\left|\dfrac{1}{1}\right|=1$,故收敛半径 $R=1$;

(2) $\lim\limits_{n\to\infty}\left|\dfrac{C_{n+1}}{C_n}\right|=1$,故收敛半径 $R=1$;

(3) $\lim\limits_{n\to\infty}\left|\dfrac{C_{n+1}}{C_n}\right|=1$,故收敛半径 $R=1$;

(4) $\lim\limits_{n\to\infty}\left|\dfrac{C_{n+1}}{C_n}\right|=\lim\limits_{n\to\infty}\dfrac{1}{n}=0$,故收敛半径 $R=+\infty$;

(5) $\lim\limits_{n\to\infty}\left|\dfrac{C_{n+1}}{C_n}\right|=\lim\limits_{n\to\infty}n=+\infty$,故收敛半径 $R=0$;

(6) 令 $\xi=z-3$,则 $\sum\limits_{n=0}^{\infty}\dfrac{(z-3)^n}{n}=\sum\limits_{n=0}^{\infty}\dfrac{\xi^n}{n}$,由于 $\lim\limits_{n\to\infty}\left|\dfrac{C_{n+1}}{C_n}\right|=1$,所以,当 $|\xi|<1$ 即 $|z-3|<1$ 时级数收敛,故收敛半径为 1.

需要说明的是,在例 7.2 的(1)、(2) 和(3) 中,收敛半径均为 1,但在收敛圆 $|z|=1$ 上,收敛性却不同. 如(1) 中在收敛圆上 $\lim\limits_{n\to\infty}z^n\neq 0$,故在 $|z|=1$ 上处处发散;(2) 中在收敛圆上,当 $z=1$ 时级数变为 $\sum\limits_{n=0}^{\infty}\dfrac{(-1)^n}{n}$ 收敛,当 $z=-1$ 时级数变为 $\sum\limits_{n=0}^{\infty}\dfrac{1}{n}$ 发散;(3) 中在收敛圆上处处绝对收敛,故在 $|z|=1$ 上处处收敛. 所以在收敛圆盘边界上的点处级数可能发散,也可能收敛.

7.2.3 幂级数和函数的性质

正如高等数学上,幂级数的解析运算性质一样,有如下定理.

定理 7.6 幂级数 $\sum\limits_{n=0}^{\infty}C_nz^n$ 的和函数 $f(z)$ 在它的收敛圆内是解析的,且在收敛圆内可逐项求导,即

$$f'(z)=\left(\sum_{n=0}^{\infty}C_nz^n\right)'=\sum_{n=0}^{\infty}(C_nz^n)'=\sum_{n=1}^{\infty}nC_nz^{n-1},\ |z|<R.$$

定理 7.7 幂级数 $\sum\limits_{n=0}^{\infty}C_nz^n$ 的和函数 $f(z)$ 在它的收敛圆内是解析的,且在收敛圆内可逐项积分,即

$$\int_C f(z)\mathrm{d}z=\int_C\sum_{n=0}^{\infty}C_nz^n\mathrm{d}z=\sum_{n=0}^{\infty}C_n\int_C z^n\mathrm{d}z,\ C\subset |z|<R,$$

或

$$\int_0^z f(z)\mathrm{d}z=\sum_{n=0}^{\infty}\frac{C_n}{n+1}z^{n+1}.$$

例如,当 $|z|<1$ 时有

$$\frac{1}{1+z}=\sum_{n=0}^{\infty}(-1)^n z^n=1-z+z^2-\cdots+(-1)^n z^n+\cdots.$$

所以,我们可以得到

$$\frac{1}{(1+z)^2}=-\left(\frac{1}{1+z}\right)'=-\left[\sum_{n=0}^{\infty}(-1)^n z^n\right]'$$

$$=\sum_{n=1}^{\infty}(-1)^{n+1}nz^{n-1}=1-2z+3z^2-\cdots+(-1)^{n+1}nz^{n-1}+\cdots\quad(|z|<1).$$

$$\ln(1+z)=\int_0^z\frac{1}{1+z}\mathrm{d}z=\int_0^z\sum_{n=0}^{\infty}(-1)^n z^n\mathrm{d}z$$

$$=\sum_{n=0}^{\infty}\frac{(-1)^n z^{n+1}}{n+1}=z-\frac{z^2}{2}+\frac{z^3}{3}-\cdots+\frac{(-1)^n z^{n+1}}{n+1}+\cdots\quad(|z|<1).$$

$$\frac{1}{1+z^2}=\sum_{n=0}^{\infty}(-1)^n z^{2n}=1-z^2+z^4-\cdots+(-1)^n z^{2n}+\cdots\quad(|z|<1).$$

$$\arctan z=\int_0^z\frac{1}{1+z^2}\mathrm{d}z=\int_0^z\sum_{n=0}^{\infty}(-1)^n z^{2n}\mathrm{d}z$$

$$=\sum_{n=0}^{\infty}\frac{(-1)^n z^{2n+1}}{2n+1}=z-\frac{z^3}{3}+\frac{z^5}{5}-\cdots+\frac{(-1)^n z^{2n+1}}{2n+1}+\cdots\quad(|z|<1).$$

就像高等数学中函数展开成幂级数一样,在复变函数中同样可以通过恒等变形、逐项求导和逐项积分的方法将简单的函数展开成幂级数,也就是解析函数的幂级数,将在下一节中讲解.

§7.3 泰勒级数

通过上一节的讨论我们知道,收敛幂级数的和函数一定是解析函数,并且在上一节的最后我们将几个简单的函数展开成了幂级数.现在我们要问:任何一个解析函数是否一定可以展开成幂级数?

定理 7.8 设函数 $f(z)$在圆盘 $D:|z-z_0|<R$ 内解析,则在 D 内 $f(z)$可展为幂级数

$$f(z)=\sum_{n=0}^{\infty}C_n(z-z_0)^n.\tag{7.1}$$

其中,$C_n=\dfrac{f^{(n)}(z_0)}{n!}$,$n=0,1,2,\cdots$.

证 (1) 当 $z_0=0$ 时.设 z 为圆盘内的任一点,$|z|=r<R$,过 s 的圆为 C_1:$|s|=R_1$($r<R_1<R$)(图 7.1).那么 z 在 C_1 所围区域之内,$f(z)$在 C_1 及其所围区域内解析,由柯西积分公式

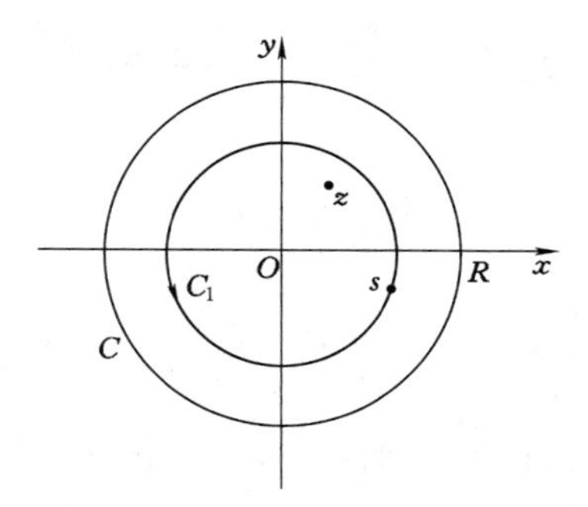

图 7.1

$$f(z) = \frac{1}{2\pi \mathrm{i}}\int_{C_1} \frac{f(s)}{s-z}\mathrm{d}s,$$

及

$$\begin{aligned}\frac{1}{s-z} &= \frac{1}{s}\frac{1}{1-(z/s)} \\ &= \frac{1}{s}+\frac{1}{s^2}z+\frac{1}{s^3}z^2+\cdots+\frac{1}{s^N}z^{N-1}+\frac{1}{s^N(s-z)}z^N,\ (N=1,2,\cdots),\end{aligned}$$

可得

$$f(z) = \frac{1}{2\pi \mathrm{i}}\sum_{n=0}^{N-1}\int_{C_1} \frac{f(s)}{s^{n+1}}z^n\mathrm{d}s + \rho_N(z).$$

其中

$$\rho_N(z) = \frac{z^N}{2\pi \mathrm{i}}\int_{C_1} \frac{f(s)}{(s-z)s^N}\mathrm{d}s.$$

又由高阶导数公式，得

$$\frac{1}{2\pi \mathrm{i}}\int_{C_1} \frac{f(s)}{s^{n+1}}z^n\mathrm{d}s = \frac{f^{(n)}(0)}{n!}z^n.$$

因此

$$f(z)=f(0)+\frac{f'(0)}{1!}z+\frac{f''(0)}{2!}z^2+\cdots+\frac{f^{(N-1)}(0)}{(N-1)!}z^{N-1}+\rho_N(z).$$

若记上式 $f(z)=f_N(z)+\rho_N(z)$，由幂级数收敛的定义知级数 $\sum\limits_{n=0}^{\infty}\frac{f^{(n)}(0)}{n!}z^n$ 在圆盘 D：$|z-z_0|<R$ 内收敛于函数 $f(z)$ 的充分必要条件是 $\lim\limits_{N\to\infty}\rho_N(z)=0$，下面证明此条件.

设 M_1 为 $|f(s)|$ 在 C_1 上的最大值，而 $|z|=r$，$|s|=R_1$ $(r<R_1)$，所以

$$|s-z|\geqslant||s|-|z||=R_1-r,$$

$$|\rho_N(z)| \leqslant \frac{r^N}{2\pi} \cdot \frac{M_1}{(R_1-r)R_1{}^N} \cdot 2\pi R_1 = \frac{M_1 R_1}{R_1 - r}\left(\frac{r}{R_1}\right)^N,$$

故

$$\lim_{N\to\infty} \rho_N(z) = 0.$$

所以

$$f(z) = f(0) + \frac{f'(0)}{1!}z + \frac{f''(0)}{2!}z^2 + \cdots + \frac{f^{(n)}(0)}{n!}z^n + \cdots.$$

(2) 当 $z_0 \neq 0$ 时，$f(z)$在以 z_0 为中心，R 为半径的圆内解析，那么 $f(z+z_0)$在 $|(z+z_0)-z_0|<R$ 内解析，令 $g(z)=f(z+z_0)$，$g(z)$在 $|z|<R$ 内解析，由(1)的结果

$$g(z) = \sum_{n=0}^{\infty} \frac{g^{(n)}(0)}{n!}z^n \quad (|z|<R),$$

即

$$f(z+z_0) = \sum_{n=0}^{\infty} \frac{f^{(n)}(z_0)}{n!}z^n \quad (|z|<R).$$

用 z 代替 $z+z_0$ 可得 $f(z)$在 z_0 处的泰勒展式

$$f(z) = \sum_{n=0}^{\infty} \frac{f^{(n)}(z_0)}{n!}(z-z_0)^n \quad (|z-z_0|<R).$$

证毕.

几点说明：

(1) 式(7.1)称为 $f(z)$在 z_0 的泰勒展开式，其右端的级数称为 $f(z)$在 z_0 的泰勒级数；

(2) $f(z)$在 z_0 的泰勒展开式是唯一的，因为假设 $f(z)$在 z_0 有另一展开式

$$f(z) = b_0 + b_1(z-z_0) + b_2(z-z_0)^2 + \cdots + b_n(z-z_0)^n + \cdots,$$

当 $z=z_0$ 时有 $b_0=f(z_0)$，然后按幂级数在收敛圆内可逐项求导的性质，将上式两端求导后，令 $z=z_0$ 时有 $b_1=f'(z_0)$，同理可得 $b_n=\dfrac{f^{(n)}(z_0)}{n!}(n=0,1,2,\cdots)$；

(3) 当 $z_0=0$ 时，式(7.1)变为

$$f(z) = f(0) + \frac{f'(0)}{1!}z + \frac{f''(0)}{2!}z^2 + \cdots + \frac{f^{(n)}(0)}{n!}z^n + \cdots$$

称为麦克劳林级数；

(4) 将定理 7.8 同幂级数的性质相结合，就得到一个重要结论：函数在一点解析的充分必要条件是它在这点的邻域内可以展开为幂级数；

(5) 因泰勒展式是唯一的，所以，我们可以用任何方法将解析函数 $f(z)$在

某个解析点 z_0 的某个邻域内展开为泰勒级数.下面我们举例说明.

例 7.3 将函数 $f(z)=e^z$ 展开成麦克劳林级数.

解 由于 e^z 的各阶导数都等于 e^z,且 $e^z\Big|_{z=0}=1$,则 $C_n=\dfrac{f^{(n)}(0)}{n!}=\dfrac{1}{n!}$,所以所求的展开式为

$$e^z=\sum_{n=0}^{\infty}\frac{1}{n!}z^n=1+\frac{1}{1!}z+\frac{1}{2!}z^2+\cdots+\frac{1}{n!}z^n+\cdots.$$

级数的收敛域可以由以下两种方法来确定:

(1) 从级数的系数,按求收敛半径的公式可得

$$\frac{1}{R}=\lim_{n\to\infty}\sqrt[n]{\frac{1}{n!}}=0,$$

所以,$R=\infty$;

(2) 从函数的解析性区域看,e^z 在全平面解析,故在 $|z|<\infty$ 可展开为泰勒级数.由此,级数的收敛圆就是 $|z|<\infty$,即 $R=\infty$.

例 7.4 将函数 $f(z)=\sin z$ 展开成麦克劳林级数.

解 由于 $f(z)=\sin z$ 在整个复平面上解析,且 $\sin^{(n)}z=\sin(z+\dfrac{n}{2}\pi)$,$\sin^{(n)}z\big|_{z=0}=\sin(\dfrac{n}{2}\pi)$,所以

$$\begin{aligned}\sin z&=\sum_{n=0}^{\infty}\frac{(-1)^n}{(2n+1)!}z^{2n+1}\\&=z-\frac{1}{3!}z^3+\frac{1}{5!}z^5-\cdots+\frac{(-1)^n}{(2n+1)!}z^{2n+1}+\cdots\quad(|z|<+\infty).\end{aligned}$$

同样的方法可得下述展开式:

$$\begin{aligned}\cos z&=\sum_{n=0}^{\infty}\frac{(-1)^n}{(2n)!}z^{2n}\\&=1-\frac{1}{2!}z^2+\frac{1}{4!}z^4-\cdots+\frac{(-1)^n}{(2n)!}z^{2n}+\cdots\quad(|z|<+\infty).\end{aligned}$$

例 7.5 将 $f(z)=\dfrac{1}{1-z}$ 展开成麦克劳林级数.

解 因为 $f(z)=\dfrac{1}{1-z}$ 在整个复平面内除 $z=1$ 点外解析,因此 $f(z)=\dfrac{1}{1-z}$ 可以在 $|z|<1$ 内展开为幂级数,而且 $|z|<1$ 就是幂级数的收敛圆.又

$$f^{(n)}(z)=\frac{n!}{(1-z)^{n+1}},\ f^{(n)}(0)=n!,$$

所以我们可以得到

$$\frac{1}{1-z}=\sum_{n=0}^{\infty}z^n=1+z+z^2+z^3+\cdots+z^n+\cdots\quad(|z|<1).$$

同样的方法可以得到

$$\frac{1}{1+z}=\sum_{n=0}^{\infty}(-1)^n z^n$$
$$=1-z+z^2-z^3+\cdots+(-1)^n z^n+\cdots\quad(|z|<1).$$

$$\frac{1}{1-z^2}=\sum_{n=0}^{\infty}z^{2n}$$
$$=1+z^2+z^4+z^6+\cdots+z^{2n}+\cdots\quad(|z|<1).$$

$$\frac{1}{1+z^2}=\sum_{n=0}^{\infty}(-1)^n z^{2n}$$
$$=1-z^2+z^4-z^6+\cdots+(-1)^n z^{2n}+\cdots\quad(|z|<1).$$

$$\frac{1}{z}=-\sum_{n=0}^{\infty}(z+1)^n\quad(|z+1|<1).$$

$$\frac{1}{z}=\sum_{n=0}^{\infty}(-1)^n(z-1)^n\quad(|z-1|<1).$$

例 7.6 将函数 $f(z)=\mathrm{Ln}(1+z)$展开成麦克劳林级数.

解 因为 $f(z)=\mathrm{Ln}(1+z)$的主值 $\ln(1+z)$在$|z|<1$时解析,又

$$\ln^{(n)}(1+z)=\frac{(-1)^{n-1}(n-1)!}{(1+z)^n},\ln^{(n)}(1+z)\big|_{z=0}=(-1)^{n-1}(n-1)!,$$

所以

$$\ln(1+z)=\sum_{n=1}^{\infty}(-1)^{n-1}\frac{(n-1)!}{n!}z^n$$
$$=z-\frac{z^2}{2}+\frac{z^3}{3}-\cdots+(-1)^{n-1}\frac{z^n}{n}+\cdots\quad(|z|<1),$$

所以 $f(z)=\mathrm{Ln}(1+z)$在 $z=0$ 处的泰勒展式为

$$\mathrm{Ln}(1+z)=2k\pi\mathrm{i}+\sum_{n=1}^{\infty}(-1)^{n-1}\frac{(n-1)!}{n!}z^n$$
$$=2k\pi\mathrm{i}+z-\frac{z^2}{2}+\frac{z^3}{3}-\cdots+(-1)^{n-1}\frac{z^n}{n}+\cdots$$
$$(|z|<1,k=0,\pm1,\pm2,\cdots).$$

例 7.7 求函数 $f(z)=\dfrac{1}{z-2}$在 $z=-3$ 的邻域内的泰勒展开式.

解 因为 $f(z)$仅有一个奇点 $z=2$,其收敛半径为 $R=|2-(-3)|=5$,所以它在$|z+1|<5$ 内可展开为 $z+3$ 的幂级数.因此

$$\frac{1}{z-2}=\frac{1}{(z+3)-5}=-\frac{1}{5}\frac{1}{1-\frac{z+3}{5}}$$

$$=-\frac{1}{5}[1+\frac{z+3}{5}+(\frac{z+3}{5})^2+\cdots+(\frac{z+3}{5})^n+\cdots]$$

$$=\sum_{n=0}^{\infty}\frac{-1}{5^{n+1}}(z+3)^n \quad (|z+3|<5).$$

例 7.8　将函数 $f(z)=\frac{1}{(1-z)^2}$展开成 $z-\mathrm{i}$ 的幂级数.

解　因为 $f(z)$仅有一个奇点 $z=1$,其收敛半径为 $R=|1-\mathrm{i}|=\sqrt{2}$,所以它在$|z-\mathrm{i}|<\sqrt{2}$内可展开为 $z-\mathrm{i}$ 的幂级数.因此

$$\frac{1}{(1-z)^2}=\left(\frac{1}{1-z}\right)'$$

$$=\left[\frac{1}{1-\mathrm{i}-(z-\mathrm{i})}\right]'=\left(\frac{1}{1-\mathrm{i}}\frac{1}{1-\frac{z-\mathrm{i}}{1-\mathrm{i}}}\right)'$$

$$=\left\{\frac{1}{1-\mathrm{i}}\left[1+\frac{z-\mathrm{i}}{1-\mathrm{i}}+\left(\frac{z-\mathrm{i}}{1-\mathrm{i}}\right)^2+\cdots+\left(\frac{z-\mathrm{i}}{1-\mathrm{i}}\right)^n+\cdots\right]\right\}'$$

$$=\frac{1}{1-\mathrm{i}}\left[\frac{1}{1-\mathrm{i}}+\frac{2}{1-\mathrm{i}}\frac{z-\mathrm{i}}{1-\mathrm{i}}+\frac{3}{1-\mathrm{i}}\left(\frac{z-\mathrm{i}}{1-\mathrm{i}}\right)^2+\cdots+\frac{n}{1-\mathrm{i}}\left(\frac{z-\mathrm{i}}{1-\mathrm{i}}\right)^{n-1}+\cdots\right]$$

$$=\left(\frac{1}{1-\mathrm{i}}\right)^2\left[1+2\,\frac{z-\mathrm{i}}{1-\mathrm{i}}+3\left(\frac{z-\mathrm{i}}{1-\mathrm{i}}\right)^2+\cdots+n\left(\frac{z-\mathrm{i}}{1-\mathrm{i}}\right)^{n-1}+\cdots\right]$$

$$(|z-\mathrm{i}|<\sqrt{2}).$$

例 7.9　将函数 $f(z)=\frac{\mathrm{e}^z}{1-z}$在 $z=0$ 处展开成幂级数.

解　因为 $f(z)=\frac{\mathrm{e}^z}{1-z}$在$|z|<1$ 内解析,故展开后的幂级数在$|z|<1$ 内收敛,而

$$\mathrm{e}^z=\sum_{n=0}^{\infty}\frac{1}{n!}z^n$$

$$=1+\frac{1}{1!}z+\frac{1}{2!}z^2+\cdots+\frac{1}{n!}z^n+\cdots \quad (|z|<+\infty),$$

$$\frac{1}{1-z}=\sum_{n=0}^{\infty}z^n$$

$$=1+z+z^2+z^3+\cdots+z^n+\cdots \quad (|z|<1).$$

在$|z|<1$ 时将两式相乘得

$$\frac{e^z}{1-z}=1+\left(1+\frac{1}{1!}\right)z+\left(1+\frac{1}{1!}+\frac{1}{2!}\right)z^2+\left(1+\frac{1}{1!}+\frac{1}{2!}+\frac{1}{3!}\right)z^3+\cdots$$
$$+\left(1+\frac{1}{1!}+\frac{1}{2!}+\cdots+\frac{1}{n!}\right)z^n+\cdots\quad(|z|<1).$$

§7.4 罗朗级数

我们观察以下两个级数

$$f(z)=\frac{1+2z}{z^3+z^4}=\frac{1}{z^3}(2-\frac{1}{1+z})$$
$$=\frac{1}{z^3}[2-(1-z+z^2-z^3+\cdots+(-1)^n z^n+\cdots)]$$
$$=\frac{1}{z^3}+\frac{1}{z^2}-\frac{1}{z}+1-z+z^2-z^3+\cdots+(-1)^{n-1}z^n+\cdots$$
$$(0<|z|<1).$$

$$f(z)=e^{\frac{1}{z}}$$
$$=1+\frac{1}{1!}z^{-1}+\frac{1}{2!}z^{-2}+\cdots+\frac{1}{n!}z^{-n}+\cdots\quad(0<|z|<+\infty).$$

可以看出,这两个函数虽然不能表示为泰勒级数,但却能用含有负指数幂的级数在某个圆环内表示,这具有普遍性,我们将它定义为罗朗级数.

下面我们首先给出罗朗级数的概念.

定义 7.6 形如

$$\sum_{n=-\infty}^{+\infty}C_n\ (z-z_0)^n \tag{7.2}$$

的级数称为罗朗(Laurent)级数.其中,C_n,z_0 为复常数;C_n 称为级数的系数.

如果级数

$$\sum_{n=0}^{+\infty}C_n\ (z-z_0)^n \tag{7.3}$$

和

$$\sum_{n=-\infty}^{-1}C_n\ (z-z_0)^n\text{或}\sum_{n=1}^{+\infty}C_{-n}\ (z-z_0)^{-n} \tag{7.4}$$

在点 z 都收敛,则称级数(7.2)点 z 收敛.

级数(7.3)是一个幂级数,设其收敛半径为 R_1,若 $R_1>0$,则级数(7.3)在 $|z-z_0|<R_1$ 内绝对收敛.

而若设 $\xi=\dfrac{1}{z-z_0}$,则级数(7.4)变为

$$\sum_{n=1}^{+\infty} C_{-n}\xi^n .$$

它是ξ的幂级数，设收敛半径为λ，若$\lambda>0$，则级数(7.4)在$|\xi|<\lambda$内绝对收敛，故级数(7.4)在$\left|\dfrac{1}{z-z_0}\right|<\lambda$，即$R_2=\dfrac{1}{\lambda}<|z-z_0|<+\infty$内绝对收敛.

若$R_1>R_2$，则级数(7.3)和级数(7.4)同时在圆环$R_2<|z-z_0|<R_1$内收敛，从而罗朗级数(7.2)在圆环内收敛. 此圆环称为级数的收敛圆环.

若$R_1<R_2$，则罗朗级数(7.2)处处发散.

若$R_1=R_2$，则罗朗级数(7.2)可能收敛，也可能发散.

下面定理给出了如何将圆环上解析函数展开为罗朗级数，即罗朗定理.

定理 7.9(罗朗定理)　设函数$f(z)$在圆环域$R_1<|z-z_0|<R_2$内处处解析，则$f(z)$一定能在此圆环域中展开为

$$f(z)=\sum_{n=-\infty}^{+\infty} C_n(z-z_0)^n. \tag{7.5}$$

其中

$$C_n=\frac{1}{2\pi i}\oint_C \frac{f(\xi)}{(\xi-z_0)^{n+1}}d\xi \quad (n=0,\pm 1,\pm 2,\cdots).$$

而C为此圆环域内绕z_0的任一简单闭曲线.

证　在圆环域内作圆$\Gamma_1:|\xi-z_0|=r$和$\Gamma_2:|\xi-z_0|=R$，其中$R_1<r<R<R_2$，设z是圆环域$r<|z-z_0|<R$内的任一点(图7.2)，根据多连通域的柯西积分公式，得

$$f(z)=\frac{1}{2\pi i}\oint_{\Gamma_2}\frac{f(\xi)}{\xi-z}d\xi-\frac{1}{2\pi i}\oint_{\Gamma_1}\frac{f(\xi)}{\xi-z}d\xi.$$

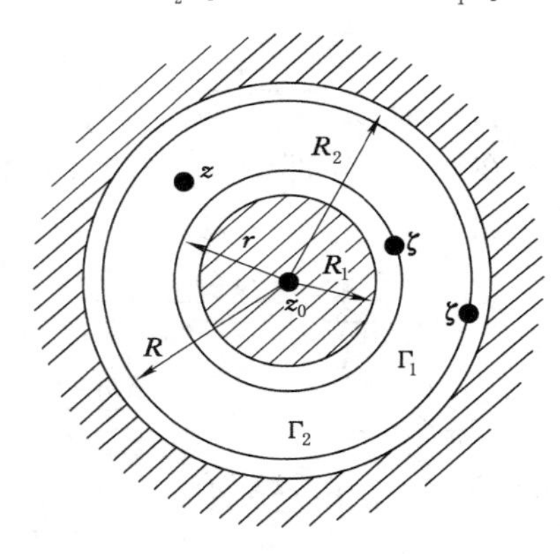

图 7.2

对于上式右端第一个积分，由于 ξ 在 Γ_2 上，点 z 在 Γ_2 的内部，所以有

$$\left|\frac{z-z_0}{\xi-z_0}\right|<1.$$

又因为 $f(\xi)$ 在 Γ_2 上连续，所以存在常数 $M>0$，使得 $|f(\xi)|<M$. 与泰勒定理的证明一样，当 $|\xi-z_0|<R$ 时有

$$\frac{1}{2\pi i}\oint_{\Gamma_2}\frac{f(\xi)}{\xi-z}d\xi=\sum_{n=0}^{+\infty}C_n(z-z_0)^n.$$

其中

$$C_n=\frac{1}{2\pi i}\oint_{\Gamma_2}\frac{f(\xi)}{(\xi-z_0)^{n+1}}d\xi\quad(n=0,1,2,\cdots).\tag{7.6}$$

对第二个积分，由于 ξ 在 Γ_1 上，点 z 在 Γ_1 的外部，所以有

$$\left|\frac{\xi-z_0}{z-z_0}\right|<1.$$

于是

$$\frac{1}{\xi-z}=-\frac{1}{z-z_0}\cdot\frac{1}{1-\dfrac{\xi-z_0}{z-z_0}}=-\sum_{n=1}^{+\infty}\frac{(\xi-z_0)^{n-1}}{(z-z_0)^n}=-\sum_{n=1}^{+\infty}\frac{(z-z_0)^{-n}}{(\xi-z_0)^{-n+1}}.$$

所以

$$-\frac{1}{2\pi i}\oint_{\Gamma_1}\frac{f(\xi)}{\xi-z}d\xi=\frac{1}{2\pi i}\left[\sum_{n=1}^{N-1}\oint_{\Gamma_1}\frac{f(\xi)}{(\xi-z_0)^{-n+1}}d\xi\right](z-z_0)^{-n}+R_N(z).$$

其中

$$R_N(z)=\frac{1}{2\pi i}\oint_{\Gamma_1}\left[\sum_{n=N}^{\infty}\frac{f(\xi)(\xi-z_0)^{n-1}}{(z-z_0)^n}\right]d\xi.$$

令

$$\left|\frac{\xi-z_0}{z-z_0}\right|=\frac{r}{|z-z_0|}=q,$$

显然 $0\leqslant q<1$，由于点 z 在 Γ_1 的外部，$|f(\xi)|$ 在 Γ_1 上连续，所以存在常数 $M>0$，使得 $|f(\xi)|\leqslant M$. 因此

$$\begin{aligned}R_N(z)&\leqslant\frac{1}{2\pi}\oint_{\Gamma_1}\left[\sum_{n=N}^{\infty}\frac{|f(\xi)|}{|z-z_0|}\left|\frac{\xi-z_0}{z-z_0}\right|^n\right]d\xi\\&\leqslant\frac{1}{2\pi}\sum_{n=N}^{\infty}\frac{M}{r}q^n\cdot 2\pi r=\frac{Mq^N}{1-q}.\end{aligned}$$

由于 $\lim\limits_{N\to\infty}q^N=0$，故 $\lim\limits_{N\to\infty}R_N(z)=0$. 从而有

$$-\frac{1}{2\pi i}\oint_{\Gamma_1}\frac{f(\xi)}{\xi-z}d\xi=\sum_{n=1}^{+\infty}C_{-n}(z-z_0)^{-n}.$$

其中

$$C_{-n}=\frac{1}{2\pi i}\oint_{\Gamma_1}\frac{f(\xi)}{(\xi-z_0)^{-n+1}}d\xi \quad (n=1,2,\cdots). \qquad (7.7)$$

综上所述,我们有

$$f(z)=\sum_{n=0}^{+\infty}C_n(z-z_0)^n+\sum_{n=1}^{+\infty}C_{-n}(z-z_0)^{-n}$$
$$=\sum_{n=-\infty}^{+\infty}C_n(z-z_0)^n.$$

如果在圆环内取绕 z_0 的任一条简单闭曲线 C,根据柯西定理的推广,式(7.6)和式(7.7)的系数表达式可以用同一个式子表示,即

$$C_n=\frac{1}{2\pi i}\oint_C\frac{f(\xi)}{(\xi-z_0)^{n+1}}d\xi \quad (n=0,\pm1,\pm2,\cdots),$$

于是,定理结论成立.

式(7.5)称为 $f(z)$ 在以 z_0 为中心的圆环域 $R_1<|z-z_0|<R_2$ 内的罗朗展开式,其右端的级数称为 $f(z)$ 在此圆环域内的罗朗级数.级数中正整数次幂部分和负整数次幂部分分别称为罗朗级数的解析部分和主要部分.

注:(1) 在实际应用中,往往需要把在某点 z_0 不解析但在 z_0 的去心邻域内解析的函数 $f(z)$ 展开成幂级数,那么就需要利用罗朗级数来展开.

(2) $f(z)$ 在以 z_0 为中心的圆环域 $R_1<|z-z_0|<R_2$ 内的罗朗展开式是唯一的.

证 如果 $f(z)$ 在此圆环域内有另外一个展开式

$$f(z)=\sum_{n=-\infty}^{+\infty}b_n(z-z_0)^n.$$

用 $(z-z_0)^{-m-1}$ 去乘上式两端,并沿圆周 C 积分,并参照积分

$$\oint_C(\xi-z_0)^{n-m-1}d\xi=\begin{cases}2\pi i, & n=m,\\ 0, & n\neq m,\end{cases}$$

得

$$\oint_C\frac{f(\xi)}{(\xi-z_0)^{m+1}}d\xi=\sum_{n=-\infty}^{+\infty}b_n\oint_C(\xi-z_0)^{n-m-1}d\xi=2\pi i b_m,$$

所以

$$b_m=\frac{1}{2\pi i}\oint_C\frac{f(\xi)}{(\xi-z_0)^{m+1}}d\xi=C_m \quad (m=0,\pm1,\pm2,\cdots),$$

即展开式是唯一的.

有了此结论,当需要将一个函数 $f(z)$ 在一个圆环域 $R_1<|z-z_0|<R_2$ 内展开为罗朗级数时,可以采用一切可能的方法,只要能找到一个形如

$\sum\limits_{n=-\infty}^{+\infty} C_n (z-z_0)^n$ 的级数，且它在 $R_1<|z-z_0|<R_2$ 内收敛于 $f(z)$，则此级数一定就是我们所求的罗朗级数.

(3) 将一个函数 $f(z)$ 展开成罗朗级数的常用方法：设法把函数拆成两部分，一部分在圆盘 $|z-z_0|<R_2$ 内解析，从而可展开成幂级数；另一部分在圆周的外部 $|z-z_0|>R_1$ 内解析，从而可展开成负次幂级数.

例 7.10 将函数 $f(z)=\dfrac{1}{z^2(z-\mathrm{i})}$ 在圆环 $0<|z-\mathrm{i}|<1$ 与 $1<|z-\mathrm{i}|<+\infty$ 内展开为罗朗级数.

解 (1) 在圆环 $0<|z-\mathrm{i}|<1$ 内. 因为

$$\frac{1}{z}=\frac{1}{\mathrm{i}+z-\mathrm{i}}=\frac{1}{\mathrm{i}\left(1+\dfrac{z-\mathrm{i}}{\mathrm{i}}\right)}$$

$$=\frac{1}{\mathrm{i}}\sum_{n=0}^{\infty}(-1)^n\left(\frac{z-\mathrm{i}}{\mathrm{i}}\right)^n=\frac{1}{\mathrm{i}}\sum_{n=0}^{\infty}\mathrm{i}^n(z-\mathrm{i})^n,$$

所以

$$\frac{1}{z^2}=-\left(\frac{1}{z}\right)'=\frac{-1}{\mathrm{i}}\sum_{n=1}^{\infty}n\mathrm{i}^n(z-\mathrm{i})^{n-1},$$

因此

$$f(z)=\frac{1}{z^2}\cdot\frac{1}{z-\mathrm{i}}=\sum_{n=1}^{\infty}n\mathrm{i}^{n+1}(z-\mathrm{i})^{n-2}$$

$$=\sum_{n=-1}^{\infty}(n+2)\mathrm{i}^{n+3}(z-\mathrm{i})^n\quad(0<|z-\mathrm{i}|<1).$$

(2) 在 $1<|z-\mathrm{i}|<+\infty$ 内. 因为

$$\frac{1}{z}=\frac{1}{\mathrm{i}+z-\mathrm{i}}=\frac{1}{(z-\mathrm{i})\left(1+\dfrac{\mathrm{i}}{z-\mathrm{i}}\right)}$$

$$=\frac{1}{z-\mathrm{i}}\sum_{n=0}^{\infty}(-1)^n\left(\frac{\mathrm{i}}{z-\mathrm{i}}\right)^n=\sum_{n=0}^{\infty}\mathrm{i}^{3n}(z-\mathrm{i})^{-n-1},$$

所以

$$\frac{1}{z^2}=-\left(\frac{1}{z}\right)'=\sum_{n=0}^{\infty}(n+1)\mathrm{i}^{3n}(z-\mathrm{i})^{-n-2},$$

因此

$$f(z)=\frac{1}{z^2}\cdot\frac{1}{z-\mathrm{i}}=\sum_{n=0}^{\infty}(n+1)\mathrm{i}^{3n}(z-\mathrm{i})^{-n-3}$$

$$=\sum_{n=-3}^{\infty}(n+2)\mathrm{i}^{n+1}(z-\mathrm{i})^n\quad(1<|z-\mathrm{i}|<+\infty).$$

例 7.11 将函数 $f(z)=\dfrac{1}{(z+1)(z-2)}$ 分别在圆环域 $0<|z|<1$、$1<|z|<2$ 和 $2<|z|<+\infty$ 内展开为罗朗级数.

解 由于

$$f(z)=\frac{1}{(z+1)(z-2)}=\frac{1}{3}\left(\frac{1}{z-2}-\frac{1}{z+1}\right).$$

(1) 在 $0<|z|<1$ 内,由于 $|z|<1$,从而 $\left|\dfrac{z}{2}\right|<1$,所以

$$\begin{aligned} f(z) &= \frac{1}{3}\left[\frac{-1}{1+z}-\frac{1}{2\left(1-\frac{z}{2}\right)}\right] \\ &= \frac{1}{3}\sum_{n=0}^{\infty}(-1)^{n+1}z^n-\frac{1}{6}\sum_{n=0}^{\infty}\frac{z^n}{2^n} \\ &= \sum_{n=0}^{\infty}\frac{1}{3}\left[(-1)^{n+1}-\frac{1}{2^{n+1}}\right]z^n. \end{aligned}$$

上式即为 $f(z)$ 在圆环域 $0<|z|<1$ 内的罗朗级数展开式.

(2) 在 $1<|z|<2$ 内,由于 $\left|\dfrac{1}{z}\right|<1$,从而 $\left|\dfrac{z}{2}\right|<1$,所以

$$\begin{aligned} f(z) &= \frac{1}{3}\left[-\frac{1}{z}\cdot\frac{1}{1+\frac{1}{z}}-\frac{1}{2}\cdot\frac{1}{1-\frac{z}{2}}\right] \\ &= \frac{1}{3}\left[-\frac{1}{z}\sum_{n=1}^{\infty}\frac{(-1)^{n-1}}{z^{n-1}}-\frac{1}{2}\sum_{n=0}^{\infty}\frac{z^n}{2^n}\right] \\ &= \sum_{n=1}^{\infty}\frac{1}{3}\cdot\frac{(-1)^n}{z^n}-\sum_{n=0}^{\infty}\frac{1}{3}\cdot\frac{1}{2^{n+1}}z^n. \end{aligned}$$

上式即为 $f(z)$ 在圆环域 $1<|z|<2$ 内的罗朗级数展开式.

(3) 在 $2<|z|<+\infty$ 内,由于 $\left|\dfrac{1}{z}\right|<1$,从而 $\left|\dfrac{2}{z}\right|<1$,所以

$$\begin{aligned} f(z) &= \frac{1}{3}\left[\frac{1}{z}\cdot\frac{1}{1-\frac{2}{z}}-\frac{1}{z}\cdot\frac{1}{1+\frac{1}{z}}\right] \\ &= \frac{1}{3z}\left[\sum_{n=0}^{\infty}\frac{2^n}{z^n}-\sum_{n=0}^{\infty}\frac{(-1)^n}{z^n}\right]=\sum_{n=1}^{\infty}\frac{1}{3}\cdot\frac{2^{n-1}-(-1)^{n-1}}{z^n}. \end{aligned}$$

上式即为 $f(z)$ 在圆环域 $2<|z|<+\infty$ 内的罗朗级数展开式.

例 7.12 将函数 $f(z)=\dfrac{1}{z(z+2)^3}$ 在点 $z=-2$、$z=0$ 和 $z=\infty$ 的解析邻域内展开为罗朗级数.

解 (1) 当 $z=-2$ 时,令 $z+2=u$,则

$$f(z)=\frac{1}{z(z+2)^3}=\frac{1}{(u-2)u^3}=\frac{-1}{2u^3(1-\frac{u}{2})}$$

$$=-\frac{1}{2u^3}\sum_{n=0}^{\infty}(\frac{u}{2})^n=-\sum_{n=0}^{\infty}\frac{1}{2^{n+1}}(z+2)^{n-3}$$

$$=-\sum_{n=-3}^{\infty}\frac{1}{2^{n+4}}(z+2)^n\quad(0<|z+2|<2).$$

上式即为 $f(z)$在圆环域 $z=-2$ 的解析邻域内的罗朗级数展开式.

(2) 当 $z=0$ 时

$$f(z)=\frac{1}{z(z+2)^3}=\frac{1}{8z}\left(1+\frac{z}{2}\right)^{-3}=\frac{1}{4z}\left(\frac{1}{1+\frac{z}{2}}\right)''$$

$$=\frac{1}{4z}\left[\sum_{n=0}^{\infty}(-\frac{z}{2})^n\right]''$$

$$=\sum_{n=-1}^{\infty}(-1)^{n+1}(n+3)(n+2)\frac{1}{2^{n+5}}z^n\quad(0<|z|<2).$$

上式即为 $f(z)$在圆环域 $z=0$ 的解析邻域内的罗朗级数展开式.

(3) 当 $z=\infty$时

$$f(z)=\frac{1}{z(z+2)^3}=\frac{1}{2z}\left(\frac{1}{z+2}\right)''$$

$$=\frac{1}{2z}\left[\frac{1}{z}\sum_{n=0}^{\infty}(-1)^n\left(\frac{2}{z}\right)^n\right]''$$

$$=\sum_{n=0}^{\infty}\frac{1}{z^{n+4}}(-1)^n2^{n-1}(n+1)(n+2)\quad(2<|z|<+\infty).$$

上式即为 $f(z)$在圆环域 $z=\infty$的解析邻域内的罗朗级数展开式.

例 7.13 将函数 $f(z)=\dfrac{\ln(2-z)}{z(z-1)}$在 $0<|z-1|<1$ 内展开成罗朗级数展开式.

解 因为

$$\frac{1}{z}=\frac{1}{1+(z-1)}=\sum_{k=0}^{\infty}(-1)^k(z-1)^k\quad(|z-1|<1),$$

$$\ln(2-z)=\ln[1-(z-1)]=-\sum_{n=0}^{\infty}\frac{(z-1)^{n+1}}{n+1}\quad(|z-1|<1),$$

所以当 $0<|z-1|<1$ 时

$$f(z)=\frac{\ln(2-z)}{z(z-1)}$$

$$=\left[\sum_{k=0}^{\infty}(-1)^k(z-1)^k\right]\cdot\left[-\sum_{n=0}^{\infty}\frac{(z-1)^{n+1}}{n+1}\right]\frac{1}{z-1}$$

$$=\sum_{n=0}^{\infty}\sum_{k=0}^{\infty}\frac{(-1)^{k+1}}{n+1}(z-1)^{n+k}\quad(|z-1|<1).$$

例 7.14　试求 $f(z)=\dfrac{1}{z^2+z-2}$以 $z=1$ 为中心的罗朗级数.

解　函数 $f(z)$在复平面内有两个奇点 $z=1$ 和 $z=-2$,因此 $f(z)$在区域 $0<|z-1|<3$ 和 $3<|z-1|<+\infty$内是解析的.

$$\frac{1}{z^2+z-2}=\frac{1}{3}\left[\frac{1}{z-1}-\frac{1}{z+2}\right].$$

在 $0<|z-1|<3$ 内 $\left|\dfrac{z-1}{3}\right|<1$,于是

$$\frac{1}{z^2+z-2}=\frac{1}{3}\left[\frac{1}{z-1}-\frac{1}{z-1+3}\right]=\frac{1}{3}\left[\frac{1}{z-1}-\frac{1}{3}\cdot\frac{1}{1+\frac{z-1}{3}}\right]$$

$$=\frac{1}{3}\cdot\frac{1}{z-1}-\frac{1}{3}\sum_{n=0}^{\infty}(-1)^n\left(\frac{z-1}{3}\right)^n.$$

在 $3<|z-1|<+\infty$内 $\left|\dfrac{3}{z-1}\right|<1$,于是

$$\frac{1}{z^2+z-2}=\frac{1}{3}\left[\frac{1}{z-1}-\frac{1}{z-1+3}\right]=\frac{1}{3}\left[\frac{1}{z-1}-\frac{1}{z-1}\cdot\frac{1}{1+\frac{3}{z-1}}\right]$$

$$=\frac{1}{3}\cdot\frac{1}{z-1}-\frac{1}{3}\sum_{n=0}^{\infty}(-1)^n\left(\frac{3}{z-1}\right)^{n+1}.$$

从以上几个例子可以看出,在求一些初等函数的罗朗级数展开式时,一般并不是按照定理提供的公式去求系数,而是利用已知的幂级数展开式去求所需要的罗朗级数展开式,与高等数学上用间接法将函数展开成幂级数的方法类似.

习　题　七

7.1　下列序列是否有极限,如果有极限,求出其极限.

(1) $z_n=i^n+\dfrac{1}{\sqrt{n}}$;

(2) $z_n=-3+i\dfrac{(-1)^n}{n}$;

(3) $z_n = \left(\dfrac{z}{\bar{z}}\right)^n$.

7.2 下列级数是否收敛,是否绝对收敛?

(1) $\sum\limits_{n=1}^{\infty}\left(\dfrac{1}{3^n}+\dfrac{\mathrm{i}}{n}\right)$;

(2) $\sum\limits_{n=1}^{\infty}\dfrac{(3+2\mathrm{i})^n}{n!}$;

(3) $\sum\limits_{n=1}^{\infty}\dfrac{1}{\mathrm{i}^n}\ln\left(1+\dfrac{1}{2n}\right)$;

(4) $\sum\limits_{n=1}^{\infty}(1+2\mathrm{i})^n$,

7.3 求下列幂级数的收敛半径:

(1) $\sum\limits_{n=0}^{\infty}(n+1)z^n$;

(2) $\sum\limits_{n=1}^{\infty}\dfrac{(-1)^n}{n!}z^n$;

(3) $\sum\limits_{n=1}^{\infty}\dfrac{1}{n}z^n$;

(4) $\sum\limits_{n=1}^{\infty}\dfrac{n}{3^n}z^n$;

(5) $\sum\limits_{n=1}^{\infty}\dfrac{1}{2\cdot 4\cdot 6\cdot\cdots\cdot(2n)}z^n$;

(6) $\sum\limits_{n=0}^{\infty}\dfrac{1}{2n+1}z^{2n+1}$;

(7) $\sum\limits_{n=1}^{\infty}\dfrac{1}{n}(z-2)^n$.

7.4 求下列幂级数的和函数:

(1) $\sum\limits_{n=1}^{\infty}nz^{n-1}=1+2z+3z^2+\cdots+nz^{n-1}+\cdots$;

(2) $\dfrac{1}{z^2}-\dfrac{z^2}{3!}+\dfrac{z^6}{5!}-\dfrac{z^{10}}{7!}+\cdots(z\neq 0)$;

(3) $\sum\limits_{n=0}^{\infty}(n+1)(z+1)^n=1+2(z+1)+3(z+1)^2+\cdots+(n+1)(z+1)^n+\cdots$.

7.5 将下列函数展开为 z 的幂级数,并指出其收敛区域:

(1) $\frac{1}{1+z^3}$；

(2) $\frac{1}{1+2z}$；

(3) $\frac{1}{(z-2)(z-3)}$；

(4) $\frac{1}{(1+z^2)^2}$；

(5) $\sin^2 z$；

(6) $\int_0^z \frac{\sin z}{z}\mathrm{d}z$.

7.6　证明 $\frac{1}{z^2}=\frac{1}{4}\sum_{n=0}^{\infty}(-1)^n(n+1)\left(\frac{z-2}{2}\right)^n \quad (|z-2|<2)$.

7.7　写出下列函数的幂级数展开式至前三个非零项：

(1) $f(z)=\ln(z-3)$展为 $z-2\mathrm{i}$ 的幂；

(2) $f(z)=\frac{1}{z^2+16}$展为 $z-3$ 的幂.

7.8　将下列函数在指定点展开成幂级数，并指出收敛区域：

(1) $\cos z$ 在 $z=\frac{\pi}{2}$处；

(2) $\frac{1}{z^2}$在 $z=1$ 处；

(3) $\frac{1}{4-3z}$在 $z=1+\mathrm{i}$ 处.

7.9　求 $\sin z$ 关于 $z+\pi$ 的幂级数，并以此证明

$$\lim_{z\to-\pi}\frac{\sin z}{z+\pi}=-1.$$

7.10　将 $f(z)=\sin z^2$ 展开成麦克劳林级数，并以此证明

$$f^{(2n+1)}(0)=0 \quad (n=0,1,2,3,\cdots);$$

$$f^{(4n)}(0)=0 \quad (n=1,2,3,\cdots).$$

7.11　证明 $\frac{\operatorname{sh} z}{z^2}=\frac{1}{z}+\sum_{n=0}^{\infty}\frac{z^{2n+1}}{(2n+3)!} \quad (0<|z|<+\infty)$.

7.12　用含 z 的负指数幂的级数表示函数$\frac{1}{1+z}$.

7.13　将下列函数在指定圆环内展开成罗朗级数：

(1) $\frac{z+1}{z^2(z-1)} \quad (0<|z|<1)$；

(2) $\dfrac{1}{z(1+z^2)}$ $(0<|z|<1, 1<|z-\mathrm{i}|<2)$.

7.14 将 $f(z)=\dfrac{1}{z^2-3z+2}$在 $z=1$ 处展开成罗朗级数.

7.15 将 $f(z)=\dfrac{1}{(z^2+1)^2}$在 $z=\mathrm{i}$ 的去心邻域内展开成罗朗级数.

7.16 求 $f(z)=\dfrac{z}{(2z+1)(z-2)}$在 $z=0$ 处的泰勒展式、罗朗级数展开式，并求收敛区域.

第 8 章　留数及其应用

留数理论是柯西积分理论的继续，其实质上是柯西积分定理在某些场合应用的结果，它不仅是复变函数里的重要理论之一，也是解决实际问题的有力工具，应用比较广泛. 数学里的某些问题，如微分方程解的渐近稳定性的判别，某些类型的定积分的计算、反演积分的计算、级数求和等都有它的应用；流体力学、电工技术、振动理论也有它的应用. 本章首先介绍解析函数的孤立奇点的分类，然后讲述留数的定义及其基本定理，最后介绍留数在定积分及反演积分计算中的应用.

§8.1　解析函数的孤立奇点

已经知道，奇点有可能成为复闭路积分的非零结果，因此有必要做深入研究. 通过本节的学习，应了解孤立奇点的概念，掌握可去奇点、极点、本性奇点的概念和判别方法.

8.1.1　孤立奇点的概念与分类

定义 8.1　如果 $f(z)$ 在 z_0 处不解析，但在 z_0 的某一个去心邻域 $0<|z-z_0|<\delta$ 内处处解析，则称 z_0 为 $f(z)$ 的孤立奇点.

例如，$z=0$ 是 $e^{\frac{1}{z}}$，$\frac{\sin z}{z^2}$和 $\sin\frac{1}{z}$等函数的孤立奇点；$z=\pm i$ 是函数$\frac{1}{z^2+1}$的孤立奇点. 但也不能将奇点都认为是孤立的，例如 $z=0$ 虽是函数$\frac{1}{\sin\frac{1}{z}}$奇点，却不是$\frac{1}{\sin\frac{1}{z}}$的孤立奇点，因为 $z=\frac{1}{n\pi}$ $(n=\pm1,\pm2,\cdots)$ 也都是它的奇点，且以 $z=0$为极限点.

由上一章可知，若 z_0 为 $f(z)$的孤立奇点，则 $f(z)$在 z_0 点的某去心邻域 $0<|z-z_0|<\delta$ 内可以展成罗朗级数

$$f(z)=\sum_{n=-\infty}^{\infty}c_n(z-z_0)^n.$$

其中,负幂项称为主要部分,其余部分(即常数项与正幂项部分)称为解析部分.决定孤立奇点 z_0 性质的将是罗朗级数展开式中的主要部分.

现根据罗朗级数展开式中主要部分的不同,对函数的孤立奇点进行分类:

(1) 如果 $f(z)$ 在 z_0 点的罗朗级数展开式中主要部分为零,则称 z_0 为 $f(z)$ 的可去奇点.

(2) 如果 $f(z)$ 在 z_0 点的罗朗级数展开式中主要部分为有限多项,设有

$$\frac{C_{-m}}{(z-z_0)^m}+\frac{C_{-(m-1)}}{(z-z_0)^{m-1}}+\cdots+\frac{C_{-1}}{z-z_0}\quad(C_{-m}\neq 0,n<-m\text{ 时},C_n=0),$$

则称 z_0 为 $f(z)$ 的 m 级极点.一级极点有时也称为简单极点.

(3) 如果 $f(z)$ 在 z_0 点的罗朗级数展开式中主要部分有无穷多项,则称 z_0 为 $f(z)$ 的本性奇点.

例 8.1 讨论下列函数的孤立奇点的类型:

(1) $\dfrac{e^z-1}{z}$;(2) $\dfrac{1}{(z-1)^2(z-2)}$;(3) $\sin\dfrac{1}{z-1}$.

解 (1) 在 $0<|z|<\infty$ 内

$$\frac{e^z-1}{z}=1+\frac{z}{2!}+\frac{z^2}{3!}+\cdots+\frac{z^{n-1}}{n!}+\cdots,$$

罗朗级数展开式中不含 z 的负次幂,即主要部分为零,所以 $z=0$ 是 $\dfrac{e^z-1}{z}$ 的可去奇点.

(2) 在 $0<|z-1|<1$ 内

$$\frac{1}{(z-1)^2(z-2)}=-\frac{1}{(z-1)^2}-\frac{1}{z-1}-1-(z-1)-\cdots-(z-1)^n-\cdots,$$

罗朗级数展开式中只有有限多个 $(z-1)$ 的负次幂,即主要部分为有限多项,并且最高负次幂为 $(z-1)^{-2}$,所以 $z=1$ 是 $\dfrac{1}{(z-1)^2(z-2)}$ 的二级极点.

(3) 在 $0<|z-1|<+\infty$ 内

$$\sin\frac{1}{z-1}=\frac{1}{z-1}-\frac{1}{3!\ (z-1)^3}+\frac{1}{5!\ (z-1)^5}-\cdots,$$

罗朗级数展开式中有无穷多个 $(z-1)$ 的负次幂,即主要部分有无穷多项,所以 $z=1$ 是 $\sin\dfrac{1}{z-1}$ 的本性奇点.

以下从函数的性态来刻画各类奇点的特征.

定理 8.1 若 z_0 为 $f(z)$ 的孤立奇点,则下列条件等价:

(1) z_0 为 $f(z)$ 的可去奇点;

(2) $\lim\limits_{z\to z_0} f(z)=C_0$，其中 C_0 为一复常数；

(3) $f(z)$ 在 z_0 点的某去心邻域内有界.

证　用循环法证明，只需证明(1)⇒(2)；(2)⇒(3)；(3)⇒(1)即可.

(1)⇒(2)　由(1)知

$$f(z)=C_0+C_1(z-z_0)+\cdots \quad (0<|z-z_0|<R),$$

于是 $\lim\limits_{z\to z_0} f(z)=C_0$，其中 C_0 为一复常数.

(2)⇒(3)　由极限的性质即得.

(3)⇒(1)　设 $f(z)$ 在 z_0 点的某去心邻域内 K 内以 M 为界. 考虑 $f(z)$ 在 z_0 点的主要部分

$$\frac{C_{-1}}{z-z_0}+\frac{C_{-2}}{(z-z_0)^2}+\cdots+\frac{C_{-n}}{(z-z_0)^{-n}}+\cdots,$$

其中，$C_n=\dfrac{1}{2\pi i}\oint_\Gamma \dfrac{f(\zeta)}{(\zeta-z_0)^{n+1}}d\zeta(n=-1,-2,\cdots)$，$\Gamma$ 为含于 K 内的圆周 $|\zeta-z_0|=\rho$，ρ 为充分小的正数. 于是由

$$|C_n|=\left|\frac{1}{2\pi i}\oint_\Gamma \frac{f(\zeta)}{(\zeta-z_0)^{n+1}}d\zeta\right|\leqslant\frac{1}{2\pi}\cdot\frac{M}{\rho^{n+1}}\cdot 2\pi\rho=\frac{M}{\rho^n}$$

即知当 $n=-1,-2,\cdots$ 时，$C_n=0$，即 $f(z)$ 在 z_0 点的主要部分为零.

注：如果我们补充定义 $f(z)$ 在 z_0 的值为 $f(z_0)=c_0$，则 $f(z)$ 在 z_0 解析，因此可去奇点的奇异性是可以除去的.

其次，我们研究极点的特征.

定理 8.2　如果 z_0 是 $f(z)$ 的孤立奇点，则下列三个条件是等价的. 因此，它们中的任一条都是 m 级极点的特征.

(1) z_0 为 $f(z)$ 的 m 级极点.

(2) $f(z)$ 在 z_0 的某去心邻域 $0<|z-z_0|<\delta(0<\delta\leqslant+\infty)$ 内能表示为

$$f(z)=\frac{1}{(z-z_0)^m}\varphi(z) \tag{8.1}$$

其中，$\varphi(z)$ 在 z_0 处解析且 $\varphi(z_0)\neq 0$.

(3) $\lim\limits_{z\to z_0}(z-z_0)^m f(z)=C_{-m}$，在这里 C_{-m} 是一个不等于 0 的复常数.

证　还是用循环法证明.

(1)⇒(2)　由(1)知 $f(z)$ 在 $0<|z-z_0|<\delta$ 内有罗朗展式

$$f(z)=\frac{C_{-m}}{(z-z_0)^m}+\frac{C_{-(m-1)}}{(z-z_0)^{m-1}}+\cdots+\frac{C_{-1}}{z-z_0}+C_0+C_1(z-z_0)+\cdots+ C_n(z-z_0)^n+\cdots$$

$$=\frac{1}{(z-z_0)^m}[C_{-m}+C_{-m+1}(z-z_0)+\cdots+C_0(z-z_0)^m+\cdots+$$
$$C_n(z-z_0)^{n+m}+\cdots]$$
$$=\frac{1}{(z-z_0)^m}\varphi(z).$$

其中，$\varphi(z)$是一个在$0<|z-z_0|<\delta$内解析的函数，并且$\varphi(z_0)=C_{-m}\neq 0$.

(2)⇒(3)　非常容易得到.

(3)⇒(1)　函数$(z-z_0)^m f(z)$在$0<|z-z_0|<\delta$内以z_0为孤立奇点，由(3)知它以z_0为可去奇点，补充定义

$$\varphi(z)=\begin{cases}(z-z_0)^m f(z),\ 0<|z-z_0|<\delta,\\ C_{-m},z=z_0,\end{cases}$$

则$\varphi(z)$在z_0解析，且有

$$\varphi(z)=C_{-m}+C_{-m+1}(z-z_0)+\cdots,\ |z-z_0|<\delta.$$

于是，当$0<|z-z_0|<\delta$时，有

$$f(z)=\frac{1}{(z-z_0)^m}\varphi(z)=\frac{C_{-m}}{(z-z_0)^m}+\frac{C_{-(m-1)}}{(z-z_0)^{m-1}}+\cdots,$$

这就得到了(1).

下述定理也能说明极点的特征，其缺点是不能指明极点的级.

定理 8.3　设函数$f(z)$在$0<|z-z_0|<\delta(0<\delta\leqslant+\infty)$内解析，那么$z_0$是$f(z)$的极点的充分必要条件是$\lim\limits_{z\to z_0}f(z)=\infty$.

最后，我们讨论本性奇点的判别条件.

定理8.1和定理8.3的充要条件可以分别说成是存在有限或无穷的极限$\lim\limits_{z\to z_0}f(z)$. 结合这两个定理，我们有：

定理 8.4　设函数$f(z)$在$0<|z-z_0|<\delta(0<\delta\leqslant+\infty)$内解析，那么$z_0$是$f(z)$的本性奇点的充分必要条件是$\lim\limits_{z\to z_0}f(z)$不存在且不为$\infty$.

例 8.2　讨论下列函数的孤立奇点的类型：

(1) $f(z)=\frac{z^2-1}{z+1}$；(2) $f(z)=\frac{1}{z^2(1-z)}$；(3) $f(z)=e^{\frac{1}{z}}$.

解　(1) $z=-1$是$f(z)$的孤立奇点，因$\lim\limits_{z\to-1}\frac{z^2-1}{z+1}=-2$(有限值)，所以$z=-1$是$f(z)$的可去奇点.

(2) $z=0$和$z=1$为$f(z)$的两个孤立奇点，因

$$\lim_{z\to-1}(z-1)f(z)=\lim_{z\to-1}(z-1)\frac{1}{z^2(1-z)}=\lim_{z\to-1}\frac{-1}{z^2}=-1\neq 0,$$

$$\lim_{z\to 0} z^2 f(z)=\lim_{z\to 0} z^2 \frac{1}{z^2(1-z)}=\lim_{z\to 0}\frac{1}{1-z}=1\neq 0,$$

所以 $z=1$ 为 $f(z)$的一级极点，$z=0$ 为 $f(z)$的二级极点.

(3) $z=0$ 为 $f(z)$的孤立奇点，因

$$\lim_{z\to 0^+} e^{\frac{1}{z}}=\infty,\ \lim_{z\to 0^-} e^{\frac{1}{z}}=0,$$

所以$\lim\limits_{z\to 0} e^{\frac{1}{z}}$不存在，故 $z=0$ 为 $f(z)$的本性奇点.

以上是我们关于孤立奇点的概念以及分类进行的介绍，这里提醒读者注意的是，在研究函数的孤立奇点时，不能仅从函数的表面作出结论.

例 8.3　讨论函数$\dfrac{e^z-1}{z^2}$的孤立奇点.

解　显然 $z=0$ 是所给函数的孤立奇点，但在 $0<|z|<\infty$ 内

$$\frac{e^z-1}{z^2}=\frac{1}{z}+\frac{1}{2!}+\frac{1}{3!}z+\cdots.$$

由定义知 $z=0$ 是函数的一级极点(形式上似乎是二级极点).

因此，判断函数孤立奇点类型的方法是很灵活的，要根据具体函数选用适当方法.

8.1.2　零点与极点的关系

为了更好地理解和判定函数的 m 级极点，我们先给出函数零点的概念，再着力研究零点与极点的关系.

定义 8.2　若 $f(z)=(z-z_0)^m\varphi(z)$，$\varphi(z)$在 z_0 处解析，且 $\varphi(z_0)\neq 0$，m 为某一个正整数，那么称 z_0 是 $f(z)$的 m 级零点.

注：一个不恒为零的解析函数的零点是孤立的(因为 $f(z)=(z-z_0)^m\varphi(z)$在 z_0 的去心邻域内不为零，只在 z_0 等于零).

例如 $z=1$，$z=-\dfrac{1}{2}$分别是 $f(z)=5(z-1)(2z+1)^2$ 的一级和二级零点.

定理 8.5　若 $f(z)$在 z_0 处解析，那么 z_0 是 $f(z)$的 m 级零点的充要条件是

$$f^{(n)}(z_0)=0,(n=0,1,\cdots,m-1),f^{(m)}(z_0)\neq 0. \tag{8.2}$$

证　只证必要性.

若 z_0 是 $f(z)$的 m 级零点，那么 $f(z)$可以表示成

$$f(z)=(z-z_0)^m\varphi(z).$$

设 $\varphi(z)$在 z_0 处的泰勒展开式为

$$\varphi(z)=C_0+C_1(z-z_0)+C_2(z-z_0)^2+\cdots,$$

其中，$C_0=\varphi(z_0)\neq 0$. 从而

$$f(z)=C_0(z-z_0)^m+C_1(z-z_0)^{m+1}+C_2(z-z_0)^{m+2}+\cdots.$$

这个式子说明，$f(z)$在z_0的泰勒展开式的前m项系数都为零.由泰勒级数的系数公式可知，这时$f^{(n)}(z_0)=0,(n=0,1,\cdots,m-1)$，而$\dfrac{f^{(m)}(z_0)}{m!}=C_0\neq0$.

例 8.4 求$\sin z-1$的全部零点，并指出它们的级.

解 令$\sin z-1=0$得全部零点：$z=\dfrac{\pi}{2}+2k\pi\ (k=0,\pm1,\pm2,\cdots)$.又因

$$(\sin z-1)'\Big|_{z=\frac{\pi}{2}+2k\pi}=0,(\sin z-1)''\Big|_{z=\frac{\pi}{2}+2k\pi}\neq0,$$

所以这些零点都是二级零点.

下面讨论函数的零点与极点的关系.

首先，如果z_0是$f(z)$的m级极点，那么

$$f(z)=\frac{1}{(z-z_0)^m}\varphi(z).$$

其中，$\varphi(z)$在z_0处解析，且$\varphi(z_0)\neq0$.所以当$z\neq z_0$时，有

$$\frac{1}{f(z)}=(z-z_0)^m\frac{1}{\varphi(z)}=(z-z_0)^m\psi(z).\tag{8.3}$$

函数$\psi(z)$也在z_0解析，且$\varphi(z_0)\neq0$.由于$\lim\limits_{z\to z_0}\dfrac{1}{f(z)}=0$，因此，我们只要令$\dfrac{1}{f(z_0)}=0$，那么由式(8.2)知$z_0$就是$\dfrac{1}{f(z)}$的$m$级零点.

同理，如果z_0是$f(z)$的m级零点，则z_0就是$\dfrac{1}{f(z)}$的m级极点.

定理 8.6 如果z_0是$f(z)$的m级极点，那么z_0就是$\dfrac{1}{f(z)}$的m级零点.反之亦然.

注：这个定理为判断函数的极点提供了一个较为简便的方法，即把求极点的问题转化为求零点的问题即可.

例 8.5 试求$f(z)=\dfrac{z}{\sin z}$的孤立奇点，并判断类型.

解 函数$\dfrac{z}{\sin z}$的奇点是使$\sin z=0$的点，即$z=k\pi(k=0,\pm1,\pm2,\cdots)$.由于

$$(\sin z)'\Big|_{z=k\pi}=\cos z\Big|_{z=k\pi}=(-1)^k\neq0,$$

所以$z=k\pi$是$\sin z$的一级零点.

注意到当 $k=0$ 时，$z=0$ 虽是分母的一级零点，同时也是分子的一级零点. 又因 $\lim\limits_{z\to 0}\dfrac{z}{\sin z}=1$，所以 $z=0$ 是 $\dfrac{z}{\sin z}$ 的可去奇点，而不是一级极点. $z=k\pi(k\neq 0)$ 是 $\dfrac{z}{\sin z}$ 的一级极点.

注：考察形如 $\dfrac{P(z)}{Q(z)}$ 的函数的极点及其级数时，不能仅凭分母 $Q(z)$ 的零点及其级数来判定，还必须考察分子在这些点的情况.

8.1.3　函数在无穷远点的性态

前面讨论函数 $f(z)$ 的孤立奇点时，都假定 z 为复平面内的有限远点. 下面在扩充复平面上讨论函数在无穷远点的性态.

定义 8.3　若函数 $f(z)$ 在无穷远点的某一去心邻域 $R<|z|<+\infty$ $(R\geqslant 0)$ 内解析，则无穷远点就称为 $f(z)$ 的孤立奇点.

例如，$z=\infty$ 为函数 $f(z)=\dfrac{1}{(z-1)(z-3)}$ 的孤立奇点，因为 $f(z)$ 在 $3<|z|<+\infty$ 内是解析的.

在 $R<|z|<+\infty$ 内，$f(z)$ 有罗朗级数展开式：

$$f(z)=\sum_{n=-\infty}^{\infty}C_n z^n \quad (R<|z|<+\infty). \tag{8.4}$$

其中

$$C_n=\frac{1}{2\pi \mathrm{i}}\oint_{|\zeta|=\rho}\frac{f(\zeta)}{\zeta^{n+1}}\mathrm{d}\zeta \quad (\rho>R; n=0,\pm 1,\pm 2,\cdots).$$

令 $z=\dfrac{1}{w}$，按照 $R>0$ 或者 $R=0$，我们得到在 $0<|w|<\dfrac{1}{R}$ 或者 $0<|w|<+\infty$ 内解析的函数 $\varphi(w)=f\left(\dfrac{1}{w}\right)$. 由于 $\varphi(w)$ 在 $w=0$ 没有定义，故 $w=0$ 是 $\varphi(w)$ 的孤立奇点. 将 $\varphi(w)$ 在 $0<|w|<\dfrac{1}{R}$ 展开为罗朗级数

$$\varphi(w)=\sum_{n=-\infty}^{\infty}b_n w^n,$$

然后再用 $w=\dfrac{1}{z}$ 代入等式，得到

$$f(z)=\sum_{n=-\infty}^{\infty}b_n z^{-n} \quad (R<|z|<+\infty). \tag{8.5}$$

将式(8.4)与式(8.3)对照，再由罗朗级数展开的唯一性，有

$$C_n=-b_n \quad (n=0,\pm 1,\pm 2,\cdots).$$

下面,我们进一步结合有限孤立奇点的分类方法得到：

(1) 如果当 $n>0$ 时,$C_n=0$,那么 $z=\infty$ 是函数 $f(z)$ 的可去奇点.

(2) 如果对于正整数 m,$C_m\neq 0$;而当 $n>m$ 时,$C_n=0$,那么 $z=\infty$ 是函数 $f(z)$ 的 m 阶极点.

(3) 如果有无穷多个 $n>0$,使得 $C_n\neq 0$,那么 $z=\infty$ 是函数 $f(z)$ 的本性奇点.

定理 8.7 设函数 $f(z)$ 在无穷远点的邻域 $R<|z|<+\infty$ $(R\geqslant 0)$ 内解析,那么 $z=\infty$ 是 $f(z)$ 的可去奇点、极点或本性奇点的充分必要条件是:$\lim\limits_{z\to\infty} f(z)=l$(常数)、$\lim\limits_{z\to\infty} f(z)=\infty$ 或 $\lim\limits_{z\to\infty} f(z)$ 不存在也不为 ∞.

例 8.6 判定下列函数在 $z=\infty$ 处奇点的类型:

(1) $f(z)=\ln\dfrac{z-1}{z-2}$;(2) $f(z)=\dfrac{z^2+1}{e^z}$;(3) $f(z)=z^5\sin\dfrac{1}{z}$.

解 (1) 函数 $f(z)$ 在全平面上除去 $z=1$,$z=2$ 及它们连成的线段外解析,而 $\lim\limits_{z\to\infty}\ln\dfrac{z-1}{z-2}=0$,故 $z=\infty$ 为 $f(z)=\ln\dfrac{z-1}{z-2}$ 的可去奇点.

(2) 函数 $f(z)$ 在 $0<|z|<+\infty$ 内的罗朗级数展开式为

$$f(z)=(z^2+1)e^{-z}=(z^2+1)\left(1-z+\frac{z^2}{2!}-\frac{z^3}{3!}+\cdots\right),$$

故 $z=\infty$ 为 $f(z)=\dfrac{z^2+1}{e^z}$ 的本性奇点.

(3) 令 $t=\dfrac{1}{z}$,则 $f\left(\dfrac{1}{t}\right)=\left(\dfrac{1}{t}\right)^5\sin 1/\dfrac{1}{t}=\dfrac{\sin t}{t^5}$. 因为 $t=0$ 为函数 $\dfrac{\sin t}{t^5}$ 的四级极点,所以 $z=\infty$ 为 $f(z)=z^4\sin\dfrac{1}{z}$ 的四级极点.

§8.2 留　　数

留数是复变函数论中重要概念之一,留数及其有关定理在理论上与实际中都有广泛的应用. 通过本节的学习,应理解留数的概念,掌握留数的计算规则以及留数定理,会求函数在孤立奇点处的留数,了解函数在无穷远处的留数.

8.2.1 留数的概念及留数定理

如果函数 $f(z)$ 在点 z_0 解析,在 z_0 的某邻域内任意作一条绕 z_0 的简单闭曲线 C,那么由柯西积分定理知

$$\oint_C f(z)\,dz=0$$

但是，如果 z_0 是 $f(z)$ 的孤立奇点，那么沿在 z_0 的某个去心邻域内任意一条绕 z_0 的简单闭曲线 C 的积分，一般来说就不再等于零. 现在我们来讨论这个积分值.

设函数 $f(z)$ 在 $0<|z-z_0|<R$ 内的罗朗级数展开式为

$$f(z)=\cdots+\frac{C_{-n}}{(z-z_0)^n}+\cdots+\frac{C_{-1}}{z-z_0}+C_0+\cdots+C_n\ (z-z_0)^n+\cdots.$$

对此展开式两端沿 C 逐项积分，右端的各项积分值除 $n=-1$ 的一项等于 $2\pi i C_{-1}$ 外，其余各项的积分值都等于零，于是

$$\oint_C f(z)\,dz = 2\pi i C_{-1}\ .$$

这是由于 z_0 是 $f(z)$ 的孤立奇点而使积分 $\oint_C f(z)\,dz$ 留下的值，我们把这个积分值除以 $2\pi i$ 后所得的数称为 $f(z)$ 在 z_0 处的留数.

定义 8.4　设 $f(z)$ 在孤立奇点 z_0 的去心邻域 $0<|z-z_0|<R$ 内解析，C 为该邻域内包含 z_0 的任意一条正向简单闭曲线，则称积分

$$\frac{1}{2\pi i}\oint_C f(z)\,dz$$

的值为 $f(z)$ 在点 z_0 的留数，记作 $\mathrm{Res}[f(z),z_0]$，即

$$\mathrm{Res}[f(z),z_0]=\frac{1}{2\pi i}\oint_C f(z)\,dz. \tag{8.6}$$

显然，$f(z)$ 在孤立奇点 z_0 的留数 $\mathrm{Res}[f(z),z_0]$ 就是 $f(z)$ 在 z_0 的去心邻域内罗朗级数展开式中负一次幂项的系数 C_{-1}.

例 8.7　计算：(1) $\mathrm{Res}[e^{\frac{1}{z}},0]$；　　(2) $\mathrm{Res}\left[\frac{1}{(z-1)(z-2)},1\right]$；

(3) $\mathrm{Res}\left[\frac{e^z-1}{z},0\right]$.

解　(1) 由于在 $0<|z|<+\infty$ 内，

$$e^{\frac{1}{z}}=1+\frac{1}{z}+\frac{1}{2!\ z^2}+\cdots+\frac{1}{n!\ z^n}+\cdots,$$

所以

$$\mathrm{Res}[e^{\frac{1}{z}},0]=1.$$

(2) 由于在 $0<|z-1|<1$ 内，

$$\frac{1}{(z-1)(z-2)}=-\frac{1}{z-1}-1-(z-1)-\cdots-(z-1)^n-\cdots,$$

所以

$$\mathrm{Res}\left[\frac{1}{(z-1)(z-2)},1\right]=-1.$$

(3) 因 $z=0$ 是 $\frac{e^z-1}{z}$ 的可去奇点,故

$$\operatorname{Res}\left[\frac{e^z-1}{z},0\right]=0.$$

下面的留数定理为计算沿封闭曲线的积分提供了新的思路与方法.

定理 8.8 设函数 $f(z)$ 在区域 D 内除有限个孤立奇点 $z_1,z_2,\cdots,z_n$ 外处处解析,C 是 D 内包围各奇点的一条正向简单闭曲线,那么

$$\oint_C f(z)\mathrm{d}z = 2\pi\mathrm{i}\sum_{k=1}^{n}\operatorname{Res}[f(z),z_k]. \tag{8.7}$$

证 把在 C 内的孤立奇点 $z_k(k=1,2,\cdots,n)$ 用互不包含的正向简单闭曲线 C_k 围绕起来,如图 8.1 所示,那么根据复合闭路定理有

$$\oint_C f(z)\mathrm{d}z = \sum_{k=1}^{n}\oint_{C_k} f(z)\mathrm{d}z.$$

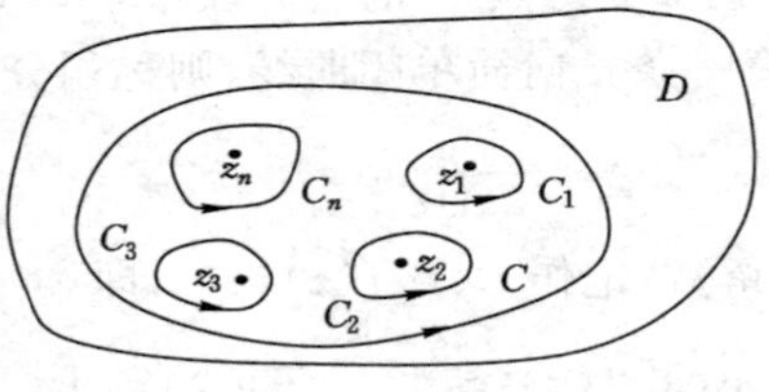

图 8.1

以 $2\pi\mathrm{i}$ 除等式两边,再由留数定义,得

$$\frac{1}{2\pi\mathrm{i}}\oint_C f(z)\mathrm{d}z = \sum_{k=1}^{n}\operatorname{Res}[f(z),z_k],$$

即

$$\oint_C f(z)\mathrm{d}z = 2\pi\mathrm{i}\sum_{k=1}^{n}\operatorname{Res}[f(z),z_k].$$

注:留数定理是复变函数论中最重要的积分定理,留数定理实际上就是"抓鱼定理",留数就是"鱼",而环积分就是"网".此定理实际上是柯西积分定理的推论,它把沿一条闭路 C 的积分,归结为求 C 内孤立奇点处的留数和.因此,当我们能够用一些简便方法把留数求出来时,便解决了一类积分计算问题.

现在的问题是,如何有效地求出函数 $f(z)$ 在孤立奇点 z_0 处的留数?

前面已经指出,$f(z)$ 在点孤立奇点 z_0 的留数 $\operatorname{Res}[f(z),z_0]$ 就是 $f(z)$ 在 z_0 的去心邻域内罗朗级数展开式中负一次幂项的系数 C_{-1},但如果能预先知道奇

点的类型，对求留数更为有利. 例如，如果 z_0 是 $f(z)$ 的可去奇点，那么 $\text{Res}[f(z),z_0]=0$；如果 z_0 是 $f(z)$ 的本性奇点，那就往往只能用把 $f(z)$ 在 z_0 展开成罗朗级数的方法来求 C_{-1}；若 z_0 是极点的情形，情况将变得稍微复杂些. 下面介绍几种求极点处留数的常用方法.

8.2.2　函数在极点的留数

法则Ⅰ　若 z_0 是 $f(z)$ 的 m 级极点，则

$$\text{Res}[f(z),z_0]=\frac{1}{(m-1)!}\lim_{z\to z_0}\frac{\mathrm{d}^{m-1}}{\mathrm{d}z^{m-1}}[(z-z_0)^m f(z)]. \tag{8.8}$$

证　由于

$$f(z)=C_{-m}(z-z_0)^{-m}+\cdots+C_{-2}(z-z_0)^{-2}+C_{-1}(z-z_0)^{-1}+C_0+C_1(z-z_0)+\cdots.$$

以 $(z-z_0)^m$ 乘上式两端，得

$$(z-z_0)^m f(z)=C_{-m}+C_{-m+1}(z-z_0)+\cdots+C_0(z-z_0)^m+\cdots.$$

两边求 $m-1$ 阶导数，得

$$\frac{\mathrm{d}^{m-1}}{\mathrm{d}z^{m-1}}[(z-z_0)^m f(z)]=(m-1)!C_{-1}+\left[\frac{m!}{1!}C_0(z-z_0)+\frac{(m+1)!}{2!}C_1(z-z_0)^2+\cdots\right].$$

令 $z\to z_0$，两端求极限，右端的极限是 $(m-1)!C_{-1}$，于是式(8.8)得证.

例 8.8　求函数 $\frac{\cos z}{z^3}$ 在各孤立奇点处的留数.

解　由于 $z=0$ 为函数 $\frac{\cos z}{z^3}$ 的三级极点. 由法则Ⅰ，有

$$\text{Res}\left[\frac{\cos z}{z^3},0\right]=\frac{1}{(3-1)!}\lim_{z\to 0}\frac{\mathrm{d}^2}{\mathrm{d}z^2}\left[z^3\frac{\cos z}{z^3}\right]=-\frac{1}{2}.$$

不难看出，公式(8.8)对级数较高(如三级以上)的极点，计算比较麻烦，但对于级数较低的极点还是相当方便的. 特别地，当 z_0 是 $f(z)$ 的一级极点时，法则Ⅰ就变成下述形式了：

法则Ⅱ　如果 z_0 是 $f(z)$ 的一级极点，则

$$\text{Res}[f(z),z_0]=\lim_{z\to z_0}(z-z_0)f(z). \tag{8.9}$$

下面再给出一种特殊类型的函数在极点处留数的计算方法.

法则Ⅲ　设 $f(z)=\frac{P(z)}{Q(z)}$，其中 $P(z)$，$Q(z)$ 在 z_0 处解析，如果 $P(z_0)\neq 0$，$Q(z_0)=0$，$Q'(z_0)\neq 0$，则

$$\text{Res}[f(z),z_0]=\frac{P(z_0)}{Q'(z_0)}. \tag{8.10}$$

证 由 $Q(z_0)=0, Q'(z_0)\neq 0$ 知 z_0 是 $Q(z)$ 的一级零点，又 $P(z_0)\neq 0$，所以 z_0 是

$$\frac{1}{f(z)}=\frac{Q(z)}{P(z)}$$

的一级零点. 从而 z_0 是 $f(z)=\dfrac{P(z)}{Q(z)}$ 的一级极点.

根据法则Ⅱ，并注意到 $Q(z_0)=0$，所以

$$\mathrm{Res}[f(z),z_0]=\lim_{z\to z_0}(z-z_0)\frac{P(z)}{Q(z)}=\lim_{z\to z_0}\frac{P(z)}{\dfrac{Q(z)-Q(z_0)}{z-z_0}}=\frac{P(z_0)}{Q'(z_0)}.$$

例 8.9 求函数 $\dfrac{z\mathrm{e}^z}{z^2-1}$ 在各孤立奇点处的留数.

解法 1 由于 $z=\pm 1$ 为函数 $\dfrac{z\mathrm{e}^z}{z^2-1}$ 的两个一级极点. 由法则Ⅱ

$$\mathrm{Res}\left[\frac{z\mathrm{e}^z}{z^2-1},1\right]=\lim_{z\to 1}(z-1)\frac{z\mathrm{e}^z}{z^2-1}=\lim_{z\to 1}\frac{z\mathrm{e}^z}{z+1}=\frac{\mathrm{e}}{2},$$

$$\mathrm{Res}\left[\frac{z\mathrm{e}^z}{z^2-1},-1\right]=\lim_{z\to -1}(z+1)\frac{z\mathrm{e}^z}{z^2-1}=\lim_{z\to -1}\frac{z\mathrm{e}^z}{z-1}=\frac{\mathrm{e}^{-1}}{2}.$$

解法 2 由法则 Ⅲ，这里 $P(z)=z\mathrm{e}^z, Q(z)=z^2-1$，于是有

$$\mathrm{Res}\left[\frac{z\mathrm{e}^z}{z^2-1},1\right]=\left.\frac{z\mathrm{e}^z}{2z}\right|_{z=1}=\frac{\mathrm{e}}{2},$$

$$\mathrm{Res}\left[\frac{z\mathrm{e}^z}{z^2-1},-1\right]=\left.\frac{z\mathrm{e}^z}{2z}\right|_{z=-1}=\frac{\mathrm{e}^{-1}}{2}.$$

例 8.10 计算积分：(1) $\displaystyle\oint_{|z|=1}\frac{1}{\sin z}\,\mathrm{d}z$；(2) $\displaystyle\oint_{|z|=2}\frac{1}{z^3(z+\mathrm{i})}\,\mathrm{d}z$；(3) $\displaystyle\oint_{|z|=1}\frac{z-\sin z}{z^{10}}\,\mathrm{d}z$.

解 (1) 显然，$z=k\pi(k=0,\pm 1,\pm 2,\cdots)$ 是函数 $f(z)=\dfrac{1}{\sin z}$ 的一级极点，但只有 $z=0$ 在圆周 $|z|=1$ 的内部. 由法则 Ⅲ，有

$$\mathrm{Res}\left[\frac{1}{\sin z},0\right]=\left.\frac{1}{\cos z}\right|_{z=0}=1.$$

由留数定理得

$$\oint_{|z|=1}\frac{1}{\sin z}\,\mathrm{d}z=2\pi\mathrm{i}\,\mathrm{Res}\left[\frac{1}{\sin z},0\right]=2\pi\mathrm{i}.$$

(2) $z=0$ 为函数 $f(z)=\dfrac{1}{z^3(z+\mathrm{i})}$ 的三级极点，$z=-\mathrm{i}$ 为 $f(z)=\dfrac{1}{z^3(z+\mathrm{i})}$ 的一级极点，它们都在 $|z|=2$ 的内部.

$$\mathrm{Res}\left[\frac{1}{z^3(z+\mathrm{i})},0\right]=\frac{1}{(3-1)!}\lim_{z\to 0}\frac{\mathrm{d}^2}{\mathrm{d}z^2}\left[z^3\ \frac{1}{z^3(z+\mathrm{i})}\right]=-\frac{1}{\mathrm{i}},$$

$$\mathrm{Res}\left[\frac{1}{z^3(z+\mathrm{i})},-\mathrm{i}\right]=\lim_{z\to -\mathrm{i}}(z+\mathrm{i})\frac{1}{z^3(z+\mathrm{i})}=\frac{1}{\mathrm{i}}.$$

由留数定理得

$$\oint_{|z|=2}\frac{1}{z^3(z+\mathrm{i})}\,\mathrm{d}z=2\pi\mathrm{i}\left(-\frac{1}{\mathrm{i}}+\frac{1}{\mathrm{i}}\right)=0.$$

(3) 在 $|z|=1$ 的内部，$f(z)=\dfrac{z-\sin z}{z^{10}}$ 只有一个孤立奇点 $z=0$，因为

$$(z-\sin z)\Big|_{z=0}=0,\ (z-\sin z)'\Big|_{z=0}=0,$$

$$(z-\sin z)''\Big|_{z=0}=0,\ (z-\sin z)'''\Big|_{z=0}\neq 0.$$

所以 $z=0$ 是 $z-\sin z$ 的三级零点，从而是 $f(z)$ 的七级极点，如果按照法则Ⅰ

$$\mathrm{Res}[f(z),0]=\frac{1}{6!}\lim_{z\to 0}\frac{\mathrm{d}^6}{\mathrm{d}z^6}\left[z^7\ \frac{z-\sin z}{z^{10}}\right]=\cdots,$$

显然，这样运算太繁琐，如果利用罗朗级数展开式求 C_{-1} 就比较方便了.

$$f(z)=\frac{1}{z^{10}}\left[z-\left(z-\frac{z^3}{3!}+\frac{z^5}{5!}-\frac{z^7}{7!}+\frac{z^9}{9!}-\cdots\right)\right]$$

$$=\frac{1}{3!\ z^7}-\frac{1}{5!\ z^5}+\frac{1}{7!\ z^3}-\frac{1}{9!\ z}+\cdots,$$

所以

$$\mathrm{Res}[f(z),0]=-\frac{1}{9!}.$$

由留数定理得

$$\oint_{|z|=1}\frac{z-\sin z}{z^{10}}\,\mathrm{d}z=2\pi\mathrm{i}\,\mathrm{Res}[f(z),0]=-\frac{2}{9!}\pi\mathrm{i}.$$

此部分内容介绍了求极点处留数的三个法则，用这些法则计算留数会比较方便，但是千万不要拘泥于这些法则，因为这些法则也有自身的局限性，通过上例的计算读者已经看到了这一点，因此，要注意具体问题具体对待，灵活地选择计算方法.

8.2.3　无穷远点的留数

定义 8.5　设∞为 $f(z)$ 的一个孤立奇点，即 $f(z)$ 在圆环域 $R<|z|<+\infty$ 内解析，则称

$$\frac{1}{2\pi i}\oint_{C^-} f(z)\,dz \quad (C: |z|=\rho>R)$$

为 $f(z)$在点∞的留数. 记为 $\mathrm{Res}[f(z),\infty]$,这里 C^- 是指顺时针方向(这个方向可以看做是绕无穷远点的正向).

设 $f(z)$在 $R<|z|<+\infty$ 的罗朗级数展开式为

$$f(z)=\cdots+C_{-n}z^{-n}+\cdots+C_{-1}z^{-1}+C_0+C_1z+\cdots,$$

逐项积分得

$$\mathrm{Res}[f(z),\infty]=-C_{-1}.$$

注:(1) $f(z)$在无穷远点的留数等于它在无穷远点的去心邻域 $R<|z|<+\infty$ 内的罗朗级数展开式中负一次幂项系数的相反数.

(2) 函数在有限的可去奇点处留数必为零,但是当无穷远点为可去奇点时其留数却可能不为零. 例如,$f(z)=1+\frac{1}{z}$,$z=\infty$是它的可去奇点,但是 $\mathrm{Res}\left[1+\frac{1}{z},\infty\right]=-1$.

定理 8.9 如果 $f(z)$在扩充复平面上除有限个孤立奇点 $z_1,z_2,\cdots,z_n,\infty$外处处解析,则 $f(z)$在各奇点处的留数总和为零,即

$$\sum_{k=1}^{n}\mathrm{Res}[f(z),z_k]+\mathrm{Res}[f(z),\infty]=0. \tag{8.11}$$

证 考虑充分大的正数 R,使 $z_1,z_2,\cdots,z_n$ 全在$|z|<R$ 内,于是由留数定理得

$$\frac{1}{2\pi i}\oint_{|z|=R} f(z)\,dz=\sum_{k=1}^{n}\mathrm{Res}[f(z),z_k],$$

但这时有

$$\frac{1}{2\pi i}\oint_{|z|=R} f(z)\,dz=-\mathrm{Res}[f(z),\infty],$$

定理得证.

根据上述定理,计算函数在有限远点处留数之和的问题就得以简化了,所以我们有必要讨论一下无穷远点处的留数的计算.

令 $t=\frac{1}{z}$,则 $g(t)=f\left(\frac{1}{t}\right)$在 $0<|t|<\frac{1}{R}$内解析,其罗朗级数展开式为

$$g(t)=\cdots+C_{-n}t^{n}+\cdots+C_{-1}t+C_0+C_1t^{-1}+\cdots,$$

于是

$$g(t)\frac{1}{t^2}=\cdots+C_{-n}t^{n-2}+\cdots+C_{-1}t^{-1}+C_0t^{-2}+C_1t^{-3}+\cdots,$$

从而

$$C_{-1}=\text{Res}\left[g(t)\frac{1}{t^2},0\right]=\text{Res}\left[f\left(\frac{1}{t}\right)\cdot\frac{1}{t^2},0\right]=\text{Res}\left[f\left(\frac{1}{z}\right)\cdot\frac{1}{z^2},\infty\right].$$

综上可得

法则Ⅳ
$$\text{Res}[f(z),\infty]=-\text{Res}\left[f\left(\frac{1}{z}\right)\cdot\frac{1}{z^2},0\right]. \tag{8.12}$$

例 8.11　求下列函数在无穷远点处的留数：

(1) $f(z)=\dfrac{z}{z^4-1}$；(2) $f(z)=\dfrac{e^{\frac{1}{z}}}{1-z}$；(3) $f(z)=\dfrac{\sin 2z}{(z+1)^3}$.

解　(1) $\text{Res}[f(z),\infty]=-\text{Res}\left[f\left(\dfrac{1}{z}\right)\cdot\dfrac{1}{z^2},0\right]=-\text{Res}\left[\dfrac{z}{z^4-1},0\right]=0.$

(2) $$\text{Res}[f(z),\infty]=-\text{Res}\left[f\left(\frac{1}{z}\right)\cdot\frac{1}{z^2},0\right]=-\text{Res}\left[\frac{e^z}{z(z-1)},0\right]$$
$$=-\lim_{z\to 0}\frac{e^z}{z-1}=1.$$

(3) 因为 $z=-1$ 是 $f(z)$的三级极点，所以
$$\text{Res}[f(z),-1]=-\frac{1}{2!}\lim_{z\to -1}\frac{d^2}{dz^2}(\sin 2z)$$
$$=-\frac{1}{2!}\lim_{z\to -1}(-4\sin 2z)=-2\sin 2.$$

由定理 8.8 得
$$\text{Res}[f(z),\infty]=-\text{Res}[f(z),-1]=-2\sin 2.$$

例 8.12　计算积分$\oint_C \dfrac{z^{15}}{(z^2+1)^2(z^4+2)^3}dz$，其中 C 为正向圆周：$|z|=3$.

解　除∞点外，被积函数的奇点是$\pm i$，$z_k=\sqrt[4]{2}e^{\frac{2k+1}{4}\pi i}(k=0,1,2,3)$，这 6 个奇点均包含在$|z|=3$内部. 要计算这 6 个奇点的留数之和是十分麻烦的，所以由函数 $f(z)$在这 7 个奇点处留数之和为零可知
$$\oint_C \frac{z^{15}}{(z^2+1)^2(z^4+2)^3}dz=-2\pi i\text{Res}[f(z),\infty]=2\pi i\left[f\left(\frac{1}{z}\right)\cdot\frac{1}{z^2},0\right]$$
$$=2\pi i\text{Res}\left[\frac{1}{z(z^2+1)^2(2z^4+1)^3},0\right]=2\pi i.$$

从上面这个例子可以看出，当有限奇点的个数比较多或者这些奇点处的留数计算比较复杂，而$\text{Res}[f(z),\infty]$的计算还是比较容易的，用$\text{Res}[f(z),\infty]$来求$\sum\limits_{k=1}^{n}\text{Res}[f(z),z_k]$是很方便的，进而应用留数定理计算复积分也就得到了简化.

§8.3 留数的应用

这一节我们介绍留数理论的两个应用:计算实积分和反演积分.一方面,在实际问题中,常会遇到一些实积分,它们用寻常的方法计算比较复杂,有时甚至无法求值.如果把它们化为复变函数的积分,运用留数定理计算要简洁得多.另一方面,拉氏变换在电学、力学等众多的工程技术与科学研究领域中都有广泛的应用,而运用拉氏变换求解具体问题时,常常需要由像函数求像原函数.本节将给出由像函数求像原函数的反演积分公式,再利用留数计算反演积分.

8.3.1 留数在定积分计算中的应用

我们把用留数理论计算实函数定积分的方法,称为围道积分方法,其基本思想就是把求实函数的积分转化为求复变函数沿闭路的积分;然后利用留数定理,使沿闭路的积分计算,化为被积函数在闭路内部各奇点上求留数的问题.但是这种方法没有一种普遍适用的方式,也不可能用它来计算所有实积分.这里只以几种特殊类型的实积分的计算为例,讲述用留数计算实积分的基本方法及其所遵循的基本原则.

(1) $\int_0^{2\pi} R(\cos\theta,\sin\theta)\mathrm{d}\theta$ 型的积分

被积函数 $R(\cos\theta,\sin\theta)$ 是 $\cos\theta,\sin\theta$ 的有理函数,且在 $[0,2\pi]$ 上连续,令 $z=\mathrm{e}^{\mathrm{i}\theta}$,则 $\mathrm{d}z=\mathrm{i}\mathrm{e}^{\mathrm{i}\theta}\mathrm{d}\theta$,且

$$\sin\theta=\frac{1}{2\mathrm{i}}(\mathrm{e}^{\mathrm{i}\theta}-\mathrm{e}^{-\mathrm{i}\theta})=\frac{z^2-1}{2\mathrm{i}z},$$

$$\cos\theta=\frac{1}{2}(\mathrm{e}^{\mathrm{i}\theta}+\mathrm{e}^{-\mathrm{i}\theta})=\frac{z^2+1}{2z}.$$

当 θ 历经 $[0,2\pi]$ 时,z 正好沿单位圆 $|z|=1$ 的正向绕行一周,于是

$$\oint_{|z|=1} R\left[\frac{z^2+1}{2z},\frac{z^2-1}{2\mathrm{i}z}\right]\frac{\mathrm{d}z}{\mathrm{i}z}=\oint_{|z|=1} f(z)\mathrm{d}z.$$

其中,$f(z)=\frac{1}{\mathrm{i}z}R\left[\frac{z^2+1}{2z},\frac{z^2-1}{2\mathrm{i}z}\right]$为 z 的有理函数,且在 $|z|=1$ 上无奇点.设 $f(z)$在 $|z|<1$ 内的奇点为 $z_1,z_2,\cdots,z_n$,由留数定理得

$$\int_0^{2\pi} R(\cos\theta,\sin\theta)\mathrm{d}\theta = 2\pi\mathrm{i}\sum_{k=1}^{n}\mathrm{Res}[f(z),z_k].$$

例 8.13 计算$\int_0^{\pi}\frac{\mathrm{d}x}{1+\sin^2 x}$.

解 $\int_0^{\pi}\frac{\mathrm{d}x}{1+\sin^2 x}=\int_0^{\pi}\frac{\mathrm{d}x}{1+\frac{1-\cos 2x}{2}}$

$$= \int_0^{\pi} \frac{\mathrm{d}2x}{2+1-\cos 2x} \xlongequal{\text{令 } 2x=t} \int_0^{2\pi} \frac{\mathrm{d}t}{3-\cos t}$$

$$= \oint_{|z|=1} \frac{1}{3-(z^2+1)/2z} \cdot \frac{\mathrm{d}z}{\mathrm{i}z}$$

$$= 2\mathrm{i} \oint_{|z|=1} \frac{\mathrm{d}z}{z^2-6z+1}.$$

极点为 $z_1 = 3-2\sqrt{2}$（在圆周 $|z|=1$ 内），$z_2 = 3+2\sqrt{2}$（在圆周 $|z|=1$ 外），所以 $\int_0^{\pi} \frac{\mathrm{d}x}{1+\sin^2 x} = 2\mathrm{i} \cdot 2\pi \mathrm{i}\ \mathrm{Res}[f(z),(3-2\sqrt{2})] = \frac{\pi}{\sqrt{2}}$.

(2) $\int_{-\infty}^{+\infty} R(x)\mathrm{d}x$ 型的积分

当被积函数 $R(x)$ 是 x 的有理函数，而分母的次数至少比分子的次数高两次，并且 $R(x)$ 在实轴上没有孤立奇点时，积分是存在的. 下面来说明它的求法.

设 $R(z)=\frac{P(z)}{Q(z)}=\frac{z^n+a_1 z^{n-1}+\cdots+a_n}{z^m+b_1 z^{m-1}+\cdots+b_m} \quad (m-n\geqslant 2)$,

取积分路径如图 8.2 所示，其中 C_R 是以原点为中心，R 为半径的上半平面的半圆周.

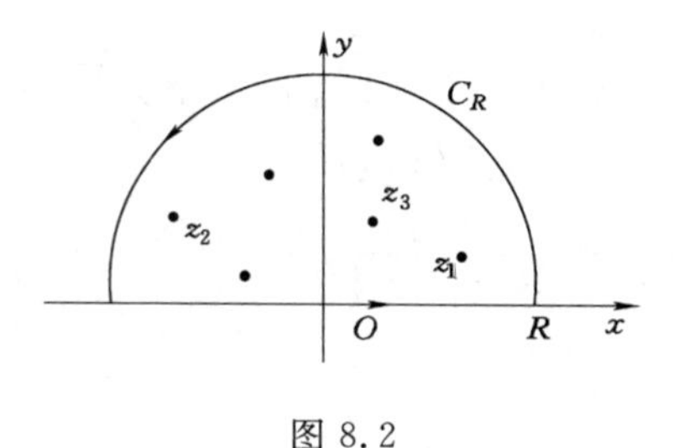

图 8.2

取 R 适当大，使 $R(z)$ 在上半平面内的极点 z_k 都落在积分路径 C_R 与 x 轴所围区域内. 根据留数定理有

$$\int_{-R}^{R} R(x)\mathrm{d}x + \int_{C_R} R(z)\mathrm{d}z = 2\pi\mathrm{i}\sum \mathrm{Res}[R(z),z_k].$$

在 C_R 上令 $z=R\mathrm{e}^{\mathrm{i}\theta}$，则有

$$\int_{C_R} R(z)\mathrm{d}z = \int_{C_R} \frac{P(z)}{Q(z)}\mathrm{d}z = \int_0^{\pi} \frac{P(R\mathrm{e}^{\mathrm{i}\theta})\mathrm{i}R\mathrm{e}^{\mathrm{i}\theta}}{Q(R\mathrm{e}^{\mathrm{i}\theta})}\mathrm{d}\theta.$$

因 $Q(z)$ 的次数比 $P(z)$ 的次数至少高两次，所以

$$\frac{zP(z)}{Q(z)} \to 0, \text{当 } |z|=R\to\infty \text{ 时}.$$

因此

$$\lim_{|z|\to\infty}\int_{C_R}\frac{P(z)}{Q(z)}\mathrm{d}z=0.$$

从而有

$$\int_{-\infty}^{\infty}R(x)\mathrm{d}x=2\pi\mathrm{i}\sum\mathrm{Res}[R(z),z_k].$$

特别地，如果 $R(x)$ 为偶函数，则

$$\int_0^{+\infty}R(x)\mathrm{d}x=\frac{1}{2}\int_{-\infty}^{\infty}R(x)\mathrm{d}x=\pi\mathrm{i}\sum\mathrm{Res}[R(z),z_k].$$

例 8.14 计算积分 $\int_0^{+\infty}\frac{\mathrm{d}x}{(x^2+a^2)^2(x^2+b^2)}\quad(a>0,b>0,a\neq b)$.

解 函数 $R(z)=\frac{1}{(z^2+a^2)^2(z^2+b^2)}$ 在上半平面有二级极点 $z=a\mathrm{i}$，一级极点 $z=b\mathrm{i}$.

$$\mathrm{Res}[R(z),a\mathrm{i}]=\left[\frac{1}{(z+a\mathrm{i})^2(z^2+b^2)}\right]'\Bigg|_{z=a\mathrm{i}}=\frac{1}{2b\mathrm{i}\,(a^2-b^2)^2},$$

$$\mathrm{Res}[R(z),b\mathrm{i}]=\frac{1}{(z^2+a^2)^2(z+b\mathrm{i})}\Bigg|_{z=b\mathrm{i}}=\frac{b^2-3a^2}{4a^3\mathrm{i}\,(b^2-a^2)^2},$$

所以

$$\begin{aligned}&\int_0^{+\infty}\frac{\mathrm{d}x}{(x^2+a^2)^2(x^2+b^2)}=\frac{1}{2}\int_{-\infty}^{+\infty}\frac{\mathrm{d}x}{(x^2+a^2)^2(x^2+b^2)}\\&=\pi\mathrm{i}\{\mathrm{Res}[R(z),b\mathrm{i}]+\mathrm{Res}[R(z),a\mathrm{i}]\}\\&=\pi\mathrm{i}\left[\frac{b^2-3a^2}{4a^3\mathrm{i}\,(b^2-a^2)^2}+\frac{1}{2b\mathrm{i}\,(b^2-a^2)^2}\right]\\&=\frac{(2a+b)\pi}{4a^3b\,(a+b)^2}.\end{aligned}$$

(3) $\int_{-\infty}^{+\infty}R(x)\mathrm{e}^{\mathrm{i}ax}\mathrm{d}x\ (a>0)$ 型的积分

当被积函数 $R(x)$ 是 x 的有理函数，而分母的次数至少比分子的次数高一次，并且 $R(x)$ 在实轴上没有孤立奇点时，积分是存在的. 还是作图 8.2 中那样的区域，使 $R(z)$ 所有在上半平面内的极点 z_k 都落在积分路径 C_R 与 x 轴所围区域内. 根据留数定理有

$$\int_{-R}^{R}R(x)\mathrm{e}^{\mathrm{i}ax}\mathrm{d}x+\int_{C_R}R(z)\mathrm{e}^{\mathrm{i}az}\mathrm{d}z=2\pi\mathrm{i}\sum\mathrm{Res}[R(z)\mathrm{e}^{\mathrm{i}az},z_k].$$

令 $R\to+\infty$

$$\int_{-\infty}^{+\infty}R(x)\mathrm{e}^{\mathrm{i}ax}\mathrm{d}x+\lim_{R\to+\infty}\int_{C_R}R(z)\mathrm{e}^{\mathrm{i}az}\mathrm{d}z=2\pi\mathrm{i}\sum\mathrm{Res}[R(z)\mathrm{e}^{\mathrm{i}az},z_k].$$

要求出积分 $\int_{-\infty}^{+\infty}R(x)\mathrm{e}^{\mathrm{i}ax}\mathrm{d}x$，只要求出积分 $\lim_{R\to+\infty}\int_{C_R}R(z)\mathrm{e}^{\mathrm{i}az}\mathrm{d}z$ 就可以了，为

此我们来介绍约当引理：

引理 8.1　设函数 $g(z)$ 沿半圆周 $C_R: z=Re^{i\theta}(0\leqslant\theta\leqslant\pi)$，($R$ 充分大)上连续，且在 C_R 上有

$$\lim_{R\to+\infty} g(z)=0.$$

则对任何 $a>0$，有

$$\lim_{R\to+\infty}\int_{C_R} g(z)e^{iaz}dz = 0 .$$

证　由 $\lim\limits_{R\to+\infty} g(z)=0$ 得：$\forall\varepsilon>0$，$\exists R_0$，使当 $R>R_0$ 时，有

$$|g(z)|<\varepsilon,\ z\in C_R.$$

$$\left|\int_{C_R} g(z)e^{iaz}dz\right| = \left|\int_0^{\pi} g(Re^{i\theta})e^{iaRe^{i\theta}}Re^{i\theta}id\theta\right|.$$

由 $|g(Re^{i\theta})|<\varepsilon$，$|Re^{i\theta}i|=R$ 及 $|e^{iaRe^{i\theta}}|=|e^{-aR\sin\theta+iaR\cos\theta}|=e^{-aR\sin\theta}$ 得

$$\left|\int_{C_R} g(z)e^{iaz}dz\right| \leqslant R\varepsilon\int_0^{\pi} e^{-aR\sin\theta}d\theta = 2R\varepsilon\int_0^{\frac{\pi}{2}} e^{-aR\sin\theta}d\theta.$$

由约当不等式 $\frac{2\theta}{\pi}\leqslant\sin\theta\ (0\leqslant\theta\leqslant\frac{\pi}{2})$ 得

$$\left|\int_{C_R} g(z)e^{iaz}dz\right| \leqslant 2R\varepsilon\int_0^{\frac{\pi}{2}} e^{-aR\sin\theta}d\theta \leqslant 2R\varepsilon\int_0^{\frac{\pi}{2}} e^{-\frac{2aR}{\pi}\theta}d\theta.$$

从而 $\lim\limits_{R\to+\infty}\int_{C_R} g(z)e^{iaz}dz = 0\ (a>0)$.

根据约当引理及以上的讨论得

$$\int_{-\infty}^{+\infty} R(x)e^{iax}dx = 2\pi i\sum \text{Res}[R(z)e^{iaz}, z_k].$$

特别地，将上式分开实部与虚部，就可得到积分

$$\int_{-\infty}^{+\infty} R(x)\cos ax\,dx \text{ 和} \int_{-\infty}^{+\infty} R(x)\sin ax\,dx.$$

例 8.15　计算积分 $\int_0^{+\infty}\frac{x\sin mx}{(x^2+a^2)^2}dx\quad(m>0, a>0)$.

解　
$$\int_0^{+\infty}\frac{x\sin mx}{(x^2+a^2)^2}dx = \frac{1}{2}\int_{-\infty}^{+\infty}\frac{x\sin mx}{(x^2+a^2)^2}dx$$
$$= \frac{1}{2}\text{Im}\left[\int_{-\infty}^{+\infty}\frac{x}{(x^2+a^2)^2}e^{imx}dx\right].$$

又 $f(z)=\frac{z}{(z^2+a^2)^2}e^{imz}$ 在上半平面只有二级极点 $z=ai$，

$$\text{Res}(f(z), ai)=\frac{d}{dz}\left[\frac{z}{(z+ai)^2}e^{imz}\right]_{z=ai}=\frac{m}{4a}e^{-ma}.$$

$$\int_{-\infty}^{+\infty}\frac{x}{(x^2+a^2)^2}e^{imx}dx=2\pi i\text{Res}\left[\frac{z}{(z^2+a^2)^2}e^{imz},ai\right],$$

所以

$$\int_0^{+\infty}\frac{x\sin mx}{(x^2+a^2)^2}dx=\frac{1}{2}\text{Im}[2\pi i\text{Res}(f(z),ai)]=\frac{m\pi}{4a}e^{-ma}.$$

以上只是利用留数计算实积分的三种类型，读者应从中悉心体会. 我们重申，在实际计算中绝不止这几种类型，也不是所有的实积分都能用留数定理计算. 事实上，利用留数计算实积分，无非是要解决两方面的问题：一是确定被积函数，二是确定围道. 这三类例子并不十分重要，重要的是要学会处理这类问题的思想方法. 我们不妨借助下面这个例子再来体会一下这种思想.

例 8.16 求钟形脉冲函数

$$f(t)=Ee^{-\beta t^2}\ (\beta>0)$$

的傅氏变换.

解 $F(w)=\mathscr{F}[f(t)]=\int_{-\infty}^{+\infty}f(t)e^{-j\omega t}dt=E\int_{-\infty}^{+\infty}e^{-\beta\left(t+\frac{jw}{2\beta}\right)^2}e^{-\frac{w^2}{4\beta}}dt.$

令 $z=t+\frac{w}{2\beta}j$，则

$$\int_{-\infty}^{+\infty}e^{-\beta\left(t+\frac{jw}{2\beta}\right)^2}dt=\int_{-\infty+\frac{w}{2\beta}j}^{+\infty+\frac{w}{2\beta}j}e^{-\beta z^2}dz.$$

为了计算这个积分，作图 8.3 所示封闭曲线 $ABCD$.

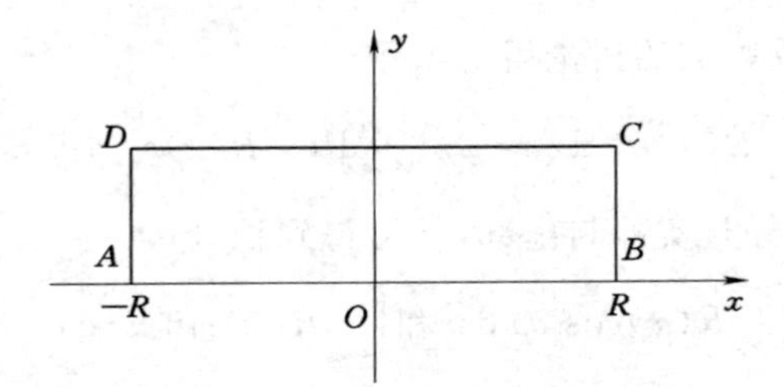

图 8.3

因为 $e^{-\beta z^2}$ 在整个复平面上处处解析，由柯西定理知对任意正实数 R，

$$\int_{ABCD}e^{-\beta z^2}dz=\left(\int_{AB}+\int_{BC}+\int_{CD}+\int_{DA}\right)e^{-\beta z^2}dz=0,$$

故

$$\lim_{R\to+\infty}\int_{ABCD}e^{-\beta z^2}dz=0.$$

又因为

$$\lim_{R\to+\infty}\int_{AB} e^{-\beta z^2}dz=\lim_{R\to+\infty}\int_{-R}^{R} e^{-\beta x^2}dx=\frac{1}{\sqrt{\beta}}\int_{-\infty}^{\infty} e^{-(\sqrt{\beta}x)^2}d\sqrt{\beta}x=\sqrt{\frac{\pi}{\beta}},$$

$$\lim_{R\to+\infty}\left|\int_{R}^{R+\frac{w}{2\beta}j} e^{-\beta z^2}dz\right|=\lim_{R\to+\infty}\left|\int_{0}^{\frac{w}{2\beta}} e^{-\beta(R+jy)^2}dz\right|\leqslant\lim_{R\to+\infty}\frac{w}{2\beta}e^{\frac{w^2}{4\beta}-\beta R^2}=0.$$

从而

$$\lim_{R\to+\infty}\int_{R}^{R+\frac{w}{2\beta}j} e^{-\beta z^2}dz=0.$$

同理

$$\lim_{R\to+\infty}\int_{-R+\frac{w}{2\beta}j}^{-R} e^{-\beta z^2}dz=0.$$

所以

$$\int_{+\infty+\frac{w}{2\beta}j}^{-\infty+\frac{w}{2\beta}j} e^{-\beta z^2}dz=\lim_{R\to+\infty}\int_{R+\frac{w}{2\beta}j}^{-R+\frac{w}{2\beta}j} e^{-\beta z^2}dz=-\sqrt{\frac{\pi}{\beta}}.$$

于是

$$F(w)=Ee^{-\frac{w^2}{4\beta}}\sqrt{\frac{\pi}{\beta}}.$$

8.3.2　留数在反演积分中的应用

由拉氏变换和傅氏变换的关系可知，函数 $f(t)$ 的拉氏变换 $F(s)=F(\beta+j\omega)$ 就是 $f(t)u(t)e^{-\beta t}$ 的傅氏变换，即

$$F(s)=F(\beta+j\omega)=\int_{-\infty}^{+\infty}[f(t)u(t)e^{-\beta t}]e^{-j\omega t}dt.$$

因此，当 $f(t)u(t)e^{-\beta t}$ 满足傅氏积分定理的条件时，按傅氏逆变换，在 $f(t)$ 的连续点处有

$$f(t)u(t)e^{-\beta t}=\frac{1}{2\pi}\int_{-\infty}^{+\infty}F(\beta+j\omega)e^{j\omega t}d\omega.$$

将上式左右两边同乘 $e^{\beta t}$，并令 $s=\beta+j\omega$，则有

$$f(t)u(t)=\frac{1}{2\pi j}\int_{\beta-j\infty}^{\beta+j\infty}F(s)e^{st}ds.$$

因此有

$$f(t)=\frac{1}{2\pi j}\int_{\beta-j\infty}^{\beta+j\infty}F(s)e^{st}ds\quad(t>0).\tag{8.13}$$

这就是由像函数 $F(s)$ 求像原函数的一般公式，称为反演积分公式. 其中右端的积分称为反演积分，其积分路径是 s 平面上的一条直线 $\mathrm{Re}(s)=\beta$，该直线处于 $F(s)$ 的存在域中.

式(8.13)的右端是一个复函数的积分，而复积分的计算通常比较困难，但当像函数 $F(s)$ 满足一定的条件时，我们可以借助留数这一工具来计算式(8.13)右

端的复积分.下面的定理给出了这种积分的具体计算公式.

定理 8.10 设函数 $F(s)$ 除在半平面 $\mathrm{Re}\,(s)\leqslant c$ 内有限个孤立奇点 $s_1, s_2, \cdots s_n$ 外是解析的,且当 $s\to\infty$ 时,$F(s)\to 0$,则有

$$\frac{1}{2\pi \mathrm{j}}\int_{\beta-\mathrm{j}\infty}^{\beta+\mathrm{j}\infty} F(s)\mathrm{e}^{st}\,\mathrm{d}s=\sum_{k=1}^{n}\mathrm{Res}[F(s)\mathrm{e}^{st}, s_k],$$

即

$$f(t)=\sum_{k=1}^{n}\mathrm{Res}[F(s)\mathrm{e}^{st}, s_k]. \tag{8.14}$$

证 如图 8.4 所示,作闭曲线 $C=L+C_R$,当 R 充分大时,可使 $F(s)\mathrm{e}^{st}$ 的所有奇点包含在 C 围成的区域内,由留数定理有

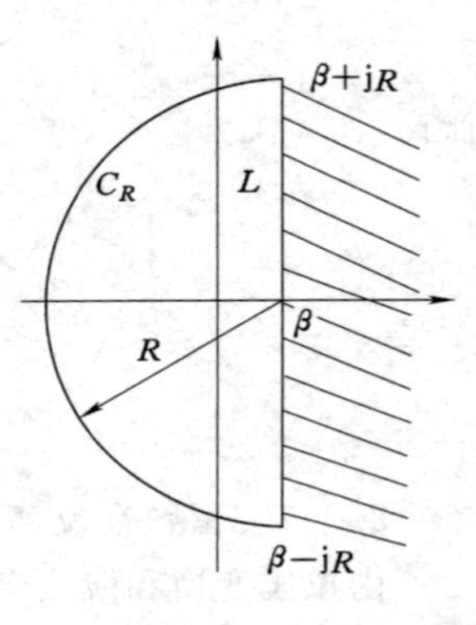

图 8.4

$$\oint_C F(s)\mathrm{e}^{st}\,\mathrm{d}s=2\pi \mathrm{j}\sum_{k=1}^{n}\mathrm{Res}[F(s)\mathrm{e}^{st}, s_k]$$

$$=\int_L F(s)\mathrm{e}^{st}\,\mathrm{d}s+\int_{C_R} F(s)\mathrm{e}^{st}\,\mathrm{d}s.$$

由约当引理,当 $t>0$ 时有

$$\lim_{R\to+\infty}\int_{C_R} F(s)\mathrm{e}^{st}\,\mathrm{d}s=0.$$

因此有 $\displaystyle\frac{1}{2\pi \mathrm{j}}\int_{\beta-\mathrm{j}\infty}^{\beta+\mathrm{j}\infty} F(s)\mathrm{e}^{st}\,\mathrm{d}s=\sum_{k=1}^{n}\mathrm{Res}[F(s)\mathrm{e}^{st}, s_k].$

注:当 $F(s)$ 为有理函数时,只有在分子次数小于分母次数时,即 $F(s)$ 为真分式时,才可以直接利用上述留数和公式.若 $F(s)$ 不是真分式,则应用多项式除法将 $F(s)$ 分解为多项式与真分式之和,分别处理.

例 8.17 求下列函数的拉氏逆变换:

(1) $F(s)=\dfrac{5s-1}{(s+1)(s-2)}$; (2) $F(s)=\dfrac{s}{(s+1)^3\,(s-1)^2}$.

解 (1) $s_1=-1, s_2=2$ 为 $F(s)$ 的一级极点,按留数计算法则有

$$\mathrm{Res}[F(s)\mathrm{e}^{st}, -1]=\frac{5s-1}{s-2}\mathrm{e}^{st}\Big|_{s=-1}=2\mathrm{e}^{-t},$$

$$\mathrm{Res}[F(s)\mathrm{e}^{st}, 2]=\frac{5s-1}{s+1}\mathrm{e}^{st}\Big|_{s=2}=3\mathrm{e}^{2t}.$$

于是

$$f(t)=2\mathrm{e}^{-t}+3\mathrm{e}^{2t}.$$

(2) $s_1=-1, s_2=1$ 分别为 $F(s)$ 的三级极点和二级极点,按留数计算法则有

$$\mathrm{Res}[F(s)\mathrm{e}^{st}, -1]=\frac{1}{2!}\lim_{s\to-1}\frac{\mathrm{d}^2}{\mathrm{d}s^2}\left[\frac{s\mathrm{e}^{st}}{(s-1)^2}\right]=\frac{\mathrm{e}^{-t}}{16}(1-2t^2),$$

$$\mathrm{Res}[F(s)\mathrm{e}^{st},1]=\lim_{s\to 1}\frac{\mathrm{d}^2}{\mathrm{d}s^2}\left[\frac{s\mathrm{e}^{st}}{(s+1)^3}\right]=\frac{\mathrm{e}^t}{16}(2t-1).$$

于是

$$f(t)=\frac{1}{16}[\mathrm{e}^{-t}(1-2t^2)+\mathrm{e}^t(2t-1)].$$

例 8.18　求方程组

$$\begin{cases}y''-x''+x'-y=\mathrm{e}^t-2\\2y''-x''-2y'+x=-t\end{cases}$$

满足初始条件

$$\begin{cases}y(0)=y'(0)=0\\x(0)=x'(0)=0\end{cases}$$

的解.

解　设 $\mathscr{L}[x(t)]=X(s)$，$\mathscr{L}[y(t)]=Y(s)$. 对方程组中每个方程两边取拉氏变换，并考虑初始条件，得

$$\begin{cases}s^2Y(s)-s^2X(s)+sX(s)-Y(s)=\dfrac{1}{s-1}-\dfrac{2}{s},\\2s^2Y(s)-s^2X(s)-2sY(s)+X(s)=-\dfrac{1}{s^2}.\end{cases}$$

求解得

$$X(s)=\frac{2s-1}{s^2(s-1)^2},Y(s)=\frac{1}{s(s-1)^2}.$$

现求它们的逆变换，因为 $X(s)$ 有两个二级极点：$s=0$，$s=1$，所以

$$\begin{aligned}x(t)&=\lim_{s\to 0}\frac{\mathrm{d}}{\mathrm{d}s}\left[\frac{2s-1}{(s-1)^2}\mathrm{e}^{st}\right]+\lim_{s\to 1}\frac{\mathrm{d}}{\mathrm{d}s}\left[\frac{2s-1}{s^2}\mathrm{e}^{st}\right]\\&=\lim_{s\to 0}\left[t\mathrm{e}^{st}\frac{2s-1}{(s-1)^2}-\frac{2s}{(s-1)^3}\mathrm{e}^{st}\right]+\lim_{s\to 1}\left[t\mathrm{e}^{st}\frac{2s-1}{s^2}+\frac{2(1-s)}{s^3}\mathrm{e}^{st}\right]\\&=-t+t\mathrm{e}^t.\end{aligned}$$

而 $Y(s)$ 以 $s=0$ 为一级极点，$s=1$ 为二级极点，所以

$$\begin{aligned}y(t)&=\lim_{s\to 0}\frac{s}{s(s-1)^2}\mathrm{e}^{st}+\lim_{s\to 1}\frac{\mathrm{d}}{\mathrm{d}s}\left[(s-1)^2\frac{1}{s(s-1)^2}\mathrm{e}^{st}\right]\\&=1+\lim_{s\to 1}\frac{\mathrm{d}}{\mathrm{d}s}\left[\frac{\mathrm{e}^{st}}{s}\right]=1+\lim_{s\to 1}\left[\frac{t\mathrm{e}^{st}}{s}-\frac{t\mathrm{e}^{st}}{s^2}\right]=1+t\mathrm{e}^t-\mathrm{e}^t.\end{aligned}$$

故

$$\begin{cases} x(t) = -t + te^t, \\ y(t) = 1 + te^t - e^t. \end{cases}$$

这便是所求方程组的解.

8.3.3 留数及复积分的 MATLAB 实现

在 MATLAB 中,利用 residue 命令可以求出任意复变函数的孤立奇点以及在该点处的留数值. 具体调用格式如下:

$[r, p, k] = \text{residue}[b, a]$

当得到闭区域内各孤立奇点处的留数之后,就可以利用留数定理计算复变函数沿闭和路径的积分了.

例 8.19 求函数 $f(z) = \dfrac{z+2}{z^2-2z-3}$ 在各孤立奇点处的留数.

解 在 MATLAB 工作窗口输入:

```
[r,p,k]=residue([1,2],[1,-2,-3])
```

运行结果为:

```
r=
    1.2500
   -0.2500
p=
     3.0000
    -1.0000
k=
     []
```

所以 $\text{Res}[f(z), 3] = 1.25$, $\text{Res}[f(z), -1] = -0.25$.

例 8.20 计算积分 $\oint_C \dfrac{z}{z^6-1} dz$,其中 C 为正向圆周:$|z| = 2$.

解 在 MATLAB 工作窗口输入:

```
        [r,p,k]=residue([1 0],[1 0 0 0 0 0 -1])
```

运行结果为:

```
        r =
```

```
   -0.0833 - 0.1443i
   -0.0833 + 0.1443i
    0.1667 + 0.0000i
   -0.0833 + 0.1443i
   -0.0833 - 0.1443i
    0.1667 + 0.0000i
p =
   -0.5000 + 0.8660i
   -0.5000 - 0.8660i
    1.0000 + 0.0000i
    0.5000 + 0.8660i
    0.5000 - 0.8660i
   -1.0000 + 0.0000i
k =
     []
```

由此可见，在圆周 $|z|=2$ 内有 6 个极点．由留数定理可得

$$\oint_C \frac{z}{z^6-1}\mathrm{d}z = 0.$$

本章通过函数的罗朗级数展开式，给出了孤立奇点的分类方法，研究了留数理论的基础：留数基本定理、留数在定积分计算和反演积分计算中的应用，学习重点如下：

(1) 根据解析函数在孤立奇点的去心邻域内罗朗级数展开式中所含负幂项的情况把解析函数的孤立奇点分成三类：可去奇点、极点和本性奇点．留数是针对解析函数的孤立奇点而引进的，解析函数 $f(z)$ 在孤立奇点 z_0 处的留数等于 $f(z)$ 在该点的去心邻域内罗朗级数展开式中负一次幂项的系数．留数基本定理把计算解析函数 $f(z)$ 沿闭曲线的积分问题转化为求该函数在此闭曲线内孤立奇点处的留数问题．

(2) 留数的计算是本章的核心，主要结论如下：

若 z_0 是 $f(z)$ 的可去奇点，则 $\mathrm{Res}[f(z),z_0]=0$；

若 z_0 是 $f(z)$ 的 m 级极点，则 $\text{Res}[f(z),z_0]=\dfrac{1}{(m-1)!}\lim\limits_{z\to z_0}\dfrac{\mathrm{d}^{m-1}}{\mathrm{d}z^{m-1}}[(z-z_0)^m f(z)]$；

若 $f(z)=\dfrac{P(z)}{Q(z)}$，且 z_0 为 $Q(z)$ 的一级零点，$P(z_0)\neq 0$，则 $\text{Res}[f(z),z_0]=\dfrac{P(z_0)}{Q'(z_0)}$.

(3) 利用留数计算积分，在某些情况下十分有效，特别是当被积函数的原函数不易求得以及计算广义积分时更显其突出的作用；留数理论也为计算拉氏逆变换提供了一种通用方法，在这两部分内容里留数理论的实用价值得到了完美的体现.

习 题 八

8.1 填空题

(1) 设 $z=0$ 为函数 z^3-z^2 的 m 级零点，那么 $m=$__________.

(2) $z=\dfrac{\pi i}{2}$ 为 $f(z)=\text{ch}\, z$ 的__________级零点.

(3) 函数 $f(z)=\dfrac{z}{(z-1)(z+1)^2}$，则 $\text{Res}[f(z),1]=$__________.

(4) 函数 $f(z)=\dfrac{e^z}{z^2-1}$，则 $\text{Res}[f(z),\infty]=$__________.

(5) 积分 $\oint_{|z|=1}\dfrac{\mathrm{d}z}{z\sin z}=$ __________.

8.2 选择题

(1) 设 $z=0$ 是 $\dfrac{1-\cos z}{z^3}$ 的(　　).

(A) 本性奇点　　(B) 一级极点

(C) 二级极点　　(D) 三级极点

(2) 函数 $f(z)=\dfrac{e^{\frac{1}{z}}}{1-z}$，则 $\text{Res}[f(z),0]=$(　　).

(A) 0　　(B) 1

(C) e−1　　(D) e+1

(3) $z=\infty$ 为 $e^z\cos\dfrac{1}{z}$ 的(　　).

(A) 本性奇点　　(B) 极点

(C) 可去奇点　　　　(D) 解析点

(4) 设 $z=a$ 为解析函数 $f(z)$ 的 m 级零点，则 $\text{Res}\left[\dfrac{f'(z)}{f(z)},a\right]=$（　　）.

(A) m　　　　(B) $-m$

(C) $m-1$　　　　(D) $1-m$

(5) 函数 $f(z)=\dfrac{z^{13}}{(z^2-1)(z^3+1)}$ 在复平面上所有奇点处的留数之和为（　　）.

(A) πi　　　　(B) -1

(C) 0　　　　(D) 1

8.3　计算题

(1) 求出下列函数在各孤立奇点处的留数：

① $\dfrac{1-e^{2z}}{z^4}$；　② $\dfrac{z^7}{(z-2)(z^2+1)}$；　③ $z^2\sin\dfrac{1}{z}$.

(2) 利用留数计算下列积分：

① $\oint_{|z|=2}\dfrac{e^{2z}}{(z-1)^2}dz$；

② $\oint_{|z|=2}\dfrac{z}{z^4-1}dz$；

③ $\oint_{|z|=\frac{1}{2}}\dfrac{\sin z}{z(1-e^z)}dz$.

(3) 计算下列积分：

① $\int_0^{\pi}\dfrac{d\theta}{(a+\cos\theta)^2}(a>1)$；

② $\int_0^{\frac{\pi}{2}}\dfrac{2}{2-\cos 2x}dx$；

③ $\int_0^{+\infty}\dfrac{\cos mx}{1+x^2}dx(m>0)$.

(4) 利用留数，求下列函数的拉普拉斯逆变换：

① $F(s)=\dfrac{1}{s(s+a)}$；

② $F(s)=\dfrac{3s+5}{s^2+9}$；

③ $F(s)=\dfrac{2}{s^2(s^2-1)}$.

附录1 傅氏变换简表

	$f(t)$	$F(\omega)$
1	$\cos\omega_0 t$	$\pi[\delta(\omega+\omega_0)+\delta(\omega-\omega_0)]$
2	$\sin\omega_0 t$	$\mathrm{j}\pi[\delta(\omega+\omega_0)-\delta(\omega-\omega_0)]$
3	$\dfrac{\sin\omega_0 t}{\pi t}$	$\begin{cases}1, & \lvert\omega\rvert\leqslant\omega_0\\0, & \lvert\omega\rvert>\omega_0\end{cases}$
4	$u(t)$	$\dfrac{1}{\mathrm{j}\omega}+\pi\delta(\omega)$
5	$u(t-c)$	$\dfrac{1}{\mathrm{j}\omega}\mathrm{e}^{-\mathrm{j}\omega c}+\pi\delta(\omega)$
6	$u(t)\cdot t$	$-\dfrac{1}{\omega^2}+\pi\mathrm{j}\delta'(\omega)$
7	$u(t)\cdot t^n$	$\dfrac{n!}{(\mathrm{j}\omega)^{n+1}}+\pi\mathrm{j}^n\delta^{(n)}(\omega)$
8	$u(t)\sin at$	$\dfrac{a}{a^2-\omega^2}+\dfrac{\pi}{2\mathrm{j}}[\delta(\omega-\omega_0)-\delta(\omega+\omega_0)]$
9	$u(t)\cos at$	$\dfrac{\mathrm{j}\omega}{a^2-\omega^2}+\dfrac{\pi}{2}[\delta(\omega-\omega_0)+\delta(\omega+\omega_0)]$
10	$u(t)\mathrm{e}^{-\beta t}(\beta>0)$	$\dfrac{1}{\beta+\mathrm{j}\omega}$
11	$u(t)\mathrm{e}^{\mathrm{j}at}$	$\dfrac{1}{\mathrm{j}(\omega-a)}+\pi\delta(\omega-a)$
12	$u(t-c)\mathrm{e}^{\mathrm{j}at}$	$\dfrac{1}{\mathrm{j}(\omega-a)}\mathrm{e}^{-\mathrm{j}(\omega-a)c}+\pi\delta(\omega-a)$
13	$u(t)\mathrm{e}^{\mathrm{j}at}t^n$	$\dfrac{n!}{[\mathrm{j}(\omega-a)]^{n+1}}+\pi\mathrm{j}^n\delta^{(n)}(\omega-a)$
14	$\mathrm{e}^{a\lvert t\rvert}\ (\mathrm{Re}(a)<0)$	$\dfrac{-2a}{\omega^2+a^2}$

续表

	$f(t)$	$F(\omega)$
15	$\delta(t)$	1
16	$\delta(t-c)$	$e^{-j\omega c}$
17	$\delta'(t)$	$j\omega$
18	$\delta^{(n)}(t)$	$(j\omega)^n$
19	$\delta^{(n)}(t-c)$	$(j\omega)^n e^{-j\omega c}$
20	1	$2\pi\delta(\omega)$
21	t	$2\pi j\delta'(\omega)$
22	t^n	$2\pi j^n\delta^{(n)}(\omega)$
23	e^{jat}	$2\pi\delta(\omega-a)$
24	$t^n e^{j\omega t}$	$2\pi j^n\delta^{(n)}(\omega-a)$
25	$\frac{1}{a^2+t^2}$ $(\mathrm{Re}(a)<0)$	$-\frac{\pi}{a}e^{a\|\omega\|}$
26	$\frac{1}{(a^2+t^2)^2}$ $(\mathrm{Re}(a)<0)$	$\frac{j\omega\pi}{2a}e^{a\|\omega\|}$
27	$\frac{e^{jbt}}{a^2+t^2}$ (Re$(a)<0$,b 为实数)	$-\frac{\pi}{a}e^{a\|\omega-b\|}$
28	$\frac{\cos bt}{a^2+t^2}$ (Re$(a)<0$,b 为实数)	$-\frac{\pi}{2a}[e^{a\|\omega-b\|}+e^{a\|\omega+b\|}]$
29	$\frac{\sin bt}{a^2+t^2}$ (Re$(a)<0$,b 为实数)	$-\frac{\pi}{2aj}[e^{a\|\omega-b\|}+e^{a\|\omega+b\|}]$
30	$\frac{\mathrm{sh}\, at}{\mathrm{sh}\, \pi t}(-\pi<a<\pi)$	$\frac{\sin a}{\mathrm{ch}\,\omega+\cos a}$
31	$\frac{\mathrm{sh}\, at}{\mathrm{ch}\, \pi t}(-\pi<a<\pi)$	$-2j\frac{\sin\frac{a}{2}\mathrm{sh}\frac{\omega}{2}}{\mathrm{ch}\,\omega+\cos a}$

续表

	$f(t)$	$F(\omega)$
32	$\frac{\mathrm{ch}\, at}{\mathrm{ch}\, \pi t}(-\pi<a<\pi)$	$2\frac{\cos\frac{a}{2}\mathrm{ch}\frac{\omega}{2}}{\mathrm{ch}\,\omega+\cos a}$
33	$\frac{1}{\mathrm{ch}\, at}$	$\frac{\pi}{a}\frac{1}{\mathrm{ch}\frac{\pi\omega}{2a}}$
34	$\sin at^2(a>0)$	$\sqrt{\frac{\pi}{a}}\cos\left(\frac{\omega^2}{4a}+\frac{\pi}{4}\right)$
35	$\cos at^2(a>0)$	$\sqrt{\frac{\pi}{a}}\cos\left(\frac{\omega^2}{4a}-\frac{\pi}{4}\right)$
36	$\frac{1}{t}\sin at\ (a>0)$	$\begin{cases}\pi, & \lvert\omega\rvert\leqslant a\\ 0, & \lvert\omega\rvert>a\end{cases}$
37	$\frac{1}{t^2}\sin^2 at\ (a>0)$	$\begin{cases}\pi\left(a-\frac{\lvert\omega\rvert}{2}\right), & \lvert\omega\rvert\leqslant 2a\\ 0, & \lvert\omega\rvert>2a\end{cases}$
38	$\frac{\sin at}{\sqrt{\lvert t\rvert}}$	$\mathrm{j}\sqrt{\frac{\pi}{2}}\left(\frac{1}{\sqrt{\lvert\omega+a\rvert}}-\frac{1}{\sqrt{\lvert\omega-a\rvert}}\right)$
39	$\frac{\cos at}{\sqrt{\lvert t\rvert}}$	$\sqrt{\frac{\pi}{2}}\left(\frac{1}{\sqrt{\lvert\omega+a\rvert}}+\frac{1}{\sqrt{\lvert\omega-a\rvert}}\right)$
40	$\frac{1}{\sqrt{\lvert t\rvert}}$	$\sqrt{\frac{2\pi}{\omega}}$
41	$\mathrm{sgn}\, t$	$\frac{2}{\mathrm{j}\omega}$
42	$\mathrm{e}^{-at^2}\ (\mathrm{Re}\ (a)>0)$	$\sqrt{\frac{\pi}{a}}\mathrm{e}^{-\frac{\omega^2}{4a}}$
43	$\lvert t\rvert$	$-\frac{2}{\omega^2}$
44	$\frac{1}{\lvert t\rvert}$	$\frac{\sqrt{2\pi}}{\lvert\omega\rvert}$

附录 2　拉氏变换简表

	$f(t)$	$F(s)$
1	1	$\frac{1}{s}$
2	e^{at}	$\frac{1}{s-a}$
3	$t^m \quad (m>-1)$	$\frac{\Gamma(m+1)}{s^{m+1}}$
4	$t^m e^{at} \quad (m>-1)$	$\frac{\Gamma(m+1)}{(s-a)^{m+1}}$
5	$\sin at$	$\frac{a}{s^2+a^2}$
6	$\cos at$	$\frac{s}{s^2+a^2}$
7	$\mathrm{sh}\, at$	$\frac{a}{s^2-a^2}$
8	$\mathrm{ch}\, at$	$\frac{s}{s^2-a^2}$
9	$t\sin at$	$\frac{2as}{(s^2+a^2)^2}$
10	$t\cos at$	$\frac{s^2-a^2}{(s^2+a^2)^2}$
11	$t\,\mathrm{sh}\, at$	$\frac{2as}{(s^2-a^2)^2}$
12	$t\,\mathrm{ch}\, at$	$\frac{s^2+a^2}{(s^2-a^2)^2}$
13	$t^m \sin at \quad (m>-1)$	$\frac{\Gamma(m+1)}{2\mathrm{j}\,(s^2+a^2)^{m+1}} \cdot [(s+\mathrm{j}a)^{m+1}-(s-\mathrm{j}a)^{m+1}]$
14	$t^m \cos at \quad (m>-1)$	$\frac{\Gamma(m+1)}{2\,(s^2+a^2)^{m+1}} \cdot [(s+\mathrm{j}a)^{m+1}+(s-\mathrm{j}a)^{m+1}]$
15	$e^{-bt}\sin at$	$\frac{a}{(s+b)^2+a^2}$
16	$e^{-bt}\cos at$	$\frac{s+b}{(s+b)^2+a^2}$
17	$e^{-bt}\sin(at+c)$	$\frac{(s+b)\sin c+a\cos c}{(s+b)^2+a^2}$

续表

	$f(t)$	$F(s)$
18	$\sin^2 t$	$\frac{1}{2}\left(\frac{1}{s}-\frac{s}{s^2+4}\right)$
19	$\cos^2 t$	$\frac{1}{2}\left(\frac{1}{s}+\frac{s}{s^2+4}\right)$
20	$\sin at\sin bt$	$\frac{2abs}{[s^2+(a+b)^2][s^2+(a-b)^2]}$
21	$e^{at}-e^{bt}$	$\frac{a-b}{(s-a)(s-b)}$
22	$ae^{at}-be^{bt}$	$\frac{(a-b)s}{(s-a)(s-b)}$
23	$\frac{1}{a}\sin at-\frac{1}{b}\sin bt$	$\frac{b^2-a^2}{(s^2+a^2)(s^2+b^2)}$
24	$\cos at-\cos bt$	$\frac{(b^2-a^2)s}{(s^2+a^2)(s^2+b^2)}$
25	$\frac{1}{a^2}(1-\cos at)$	$\frac{1}{s(s^2+a^2)}$
26	$\frac{1}{a^3}(at-\sin at)$	$\frac{1}{s^2(s^2+a^2)}$
27	$\frac{1}{a^4}(\cos at-1)+\frac{1}{2a^2}t^2$	$\frac{1}{s^3(s^2+a^2)}$
28	$\frac{1}{a^4}(\operatorname{ch} at-1)-\frac{1}{2a^2}t^2$	$\frac{1}{s^3(s^2-a^2)}$
29	$\frac{1}{2a^3}(\sin at-at\cos at)$	$\frac{1}{(s^2+a^2)^2}$
30	$\frac{1}{2a}(\sin at+at\cos at)$	$\frac{s^2}{(s^2+a^2)^2}$
31	$\frac{1}{a^4}(1-\cos at)-\frac{1}{2a^3}t\sin at$	$\frac{1}{s(s^2+a^2)^2}$
32	$(1-at)e^{-at}$	$\frac{s}{(s+a)^2}$
33	$t\left(1-\frac{a}{2}t\right)e^{-at}$	$\frac{s}{(s+a)^3}$
34	$\frac{1}{a}(1-e^{-at})$	$\frac{1}{s(s+a)}$
35	$\frac{1}{ab}+\frac{1}{b-a}\left(\frac{e^{-bt}}{b}-\frac{e^{-at}}{a}\right)$	$\frac{1}{s(s+a)(s+b)}$
36	$e^{-at}-e^{\frac{at}{2}}\left(\cos\frac{\sqrt{3}at}{2}-\sqrt{3}\sin\frac{\sqrt{3}at}{2}\right)$	$\frac{3a^2}{s^3+a^3}$
37	$\sin at\operatorname{ch} at-\cos at\operatorname{sh} at$	$\frac{4a^3}{s^4+4a^4}$

续表

	$f(t)$	$F(s)$
38	$\frac{1}{2a^2}\sin at\operatorname{sh} at$	$\frac{s}{s^4+4a^4}$
39	$\frac{1}{2a^3}(\operatorname{sh} at-\sin at)$	$\frac{1}{s^4-a^4}$
40	$\frac{1}{2a^2}(\operatorname{ch} at-\cos at)$	$\frac{s}{s^4-a^4}$
41	$\frac{1}{\sqrt{\pi t}}$	$\frac{1}{\sqrt{s}}$
42	$2\sqrt{\frac{t}{\pi}}$	$\frac{1}{s\sqrt{s}}$
43	$\frac{1}{\sqrt{\pi t}}e^{at}(1+2at)$	$\frac{s}{(s-a)\sqrt{s-a}}$
44	$\frac{1}{2\sqrt{\pi t^3}}(e^{bt}-e^{at})$	$\sqrt{s-a}-\sqrt{s-b}$
45	$\frac{1}{\sqrt{\pi t}}\cos 2\sqrt{at}$	$\frac{1}{\sqrt{s}}e^{-\frac{a}{s}}$
46	$\frac{1}{\sqrt{\pi t}}\operatorname{ch} 2\sqrt{at}$	$\frac{1}{\sqrt{s}}e^{\frac{a}{s}}$
47	$\frac{1}{\sqrt{\pi t}}\sin 2\sqrt{at}$	$\frac{1}{s\sqrt{s}}e^{-\frac{a}{s}}$
48	$\frac{1}{\sqrt{\pi t}}\operatorname{sh} 2\sqrt{at}$	$\frac{1}{s\sqrt{s}}e^{\frac{a}{s}}$
49	$\frac{1}{t}(e^{bt}-e^{at})$	$\ln\frac{s-a}{s-b}$
50	$\frac{2}{t}\operatorname{sh} at$	$\ln\frac{s+a}{s-a}=2\operatorname{Arth}\frac{a}{s}$
51	$\frac{2}{t}(1-\cos at)$	$\ln\frac{s^2+a^2}{s^2}$
52	$\frac{2}{t}(1-\operatorname{ch} at)$	$\ln\frac{s^2-a^2}{s^2}$
53	$\frac{1}{t}\sin at$	$\arctan\frac{a}{s}$
54	$\frac{1}{t}(\operatorname{ch} at-\cos bt)$	$\ln\sqrt{\frac{(s^2+b^2)}{(s^2-a^2)}}$
55①	$\frac{1}{\pi t}\sin(2a\sqrt{t})$	$\operatorname{erf}\left(\frac{a}{\sqrt{s}}\right)$
56①	$\frac{1}{\pi t}e^{-2a\sqrt{t}}$	$\frac{1}{\sqrt{s}}e^{\frac{a^2}{s}}\operatorname{erfc}\left(\frac{a}{\sqrt{s}}\right)$
57	$\operatorname{erfc}\left(\frac{a}{2\sqrt{t}}\right)$	$\frac{1}{s}e^{-a\sqrt{s}}$

续表

	$f(t)$	$F(s)$
58	$\mathrm{erf}\left(\frac{t}{2a}\right)$	$\frac{1}{s}\mathrm{e}^{a^2s^2}\mathrm{erfc}(as)$
59	$\frac{1}{\sqrt{\pi t}}\mathrm{e}^{-2\sqrt{at}}$	$\frac{1}{\sqrt{s}}\mathrm{e}^{\frac{a}{s}}\mathrm{erfc}\left(\sqrt{\frac{a}{s}}\right)$
60	$\frac{1}{\sqrt{\pi(t+a)}}$	$\frac{1}{\sqrt{s}}\mathrm{e}^{\frac{a}{s}}\mathrm{erfc}(\sqrt{as})$
61	$\frac{1}{\sqrt{a}}\mathrm{erf}(\sqrt{at})$	$\frac{1}{s\sqrt{s+a}}$
62	$\frac{1}{\sqrt{a}}\mathrm{e}^{at}\mathrm{erf}(\sqrt{at})$	$\frac{1}{\sqrt{s}(s-a)}$
63	$u(t)$	$\frac{1}{s}$
64	$tu(t)$	$\frac{1}{s^2}$
65	$t^m u(t)\quad(m>-1)$	$\frac{1}{s^{m+1}}\Gamma(m+1)$
66	$\delta(t)$	1
67	$\delta^{(n)}(t)$	s^n
68	$\mathrm{sgn}\,t$	$\frac{1}{s}$
69②	$J_0(at)$	$\frac{1}{\sqrt{s^2+a^2}}$
70②	$I_0(at)$	$\frac{1}{\sqrt{s^2-a^2}}$
71	$J_0(2\sqrt{at})$	$\frac{1}{s}\mathrm{e}^{-\frac{a}{s}}$
72	$\mathrm{e}^{-bt}I_0(at)$	$\frac{1}{\sqrt{(s+b)^2-a^2}}$
73	$tJ_0(at)$	$\frac{s}{(s^2+a^2)^{3/2}}$
74	$tI_0(at)$	$\frac{s}{(s^2-a^2)^{3/2}}$
75	$J_0(a\sqrt{t(t+2b)})$	$\frac{1}{\sqrt{s^2+a^2}}\mathrm{e}^{b(s-\sqrt{s^2+a^2})}$

注：① $\mathrm{erf}(x)=\frac{2}{\sqrt{\pi}}\int_0^x \mathrm{e}^{-t^2}\mathrm{d}t$，称为误差函数；$\mathrm{erfc}(x)=1-\mathrm{erf}(x)=\frac{2}{\sqrt{\pi}}\int_x^{+\infty}\mathrm{e}^{-t^2}\mathrm{d}t$，称为余误差函数.

② $I_n(x)=\mathrm{j}^{-n}J_n(\mathrm{j}x)$. J_n 称为第一类 n 阶贝塞尔(Bessel)函数；I_n 称为第一类 n 阶变形的贝塞尔函数，或称为虚宗量的贝塞尔函数.

部分习题答案

习　题　一

1.1　(1) $-2+4\mathrm{i}$；(2) $-5+12\mathrm{i}$；(3) $-\frac{3}{10}+\frac{\mathrm{i}}{10}$.

1.4　(1) $2,\frac{\pi}{6}$；(2) $2\sqrt{2},-\frac{\pi}{4}$；(3) $\sqrt{10},\pi-\arctan 3$.

1.5　(1) $\frac{\pi}{3}$；(2) $-\frac{\pi}{4}$；(3) π.

1.6　(1) i；(2) -1；

(3) $\sqrt[8]{8}\left(\cos\frac{3\pi+8k\pi}{16}+\mathrm{i}\sin\frac{3\pi+8k\pi}{16}\right)$　$(k=0,1,2,3,4)$.

1.9　$z_0=\frac{1}{2}+\frac{\sqrt{3}}{2}\mathrm{i},z_1=-1,z_2=\frac{1}{2}-\frac{\sqrt{3}}{2}\mathrm{i}$.

1.11　(1) $\sqrt{2}\mathrm{e}^{(\frac{\pi}{4}+k\pi)\mathrm{i}}$　$(k=0,1)$；(2) $\sqrt{2}\mathrm{e}^{(-\frac{\pi}{6}+k\pi)\mathrm{i}}$　$(k=0,1)$；

(3) $\sqrt{2}\mathrm{e}^{(\frac{\pi}{3}+2k\pi)\mathrm{i}}$　$(k=0,1,2)$；(4) $\sqrt{2}\mathrm{e}^{\frac{k\pi}{3}\mathrm{i}}$　$(k=0,1,2,3,4,5)$.

1.12　(1) 有界；(2) 有界、闭区域；(3) 无界；(4) 无界；

(5) 不是区域；(6) 有界闭区域；(7) 无界；(8) 有界.

习　题　二

2.1　$\frac{z^2}{4}+\frac{3\bar{z}^2}{4}+\frac{z\mathrm{i}}{2}+\frac{\bar{z}\mathrm{i}}{2}$.

2.2　(1) $u^2+v^2=\frac{1}{4}$；(2) $v=-u$；(3) $\left(u-\frac{1}{2}\right)^2+v^2=\frac{1}{4}$；(4) $u=\frac{1}{2}$.

2.5　(1) $z=(2k+1)\pi\mathrm{i}$　$(k=0,\pm1,\pm2,\cdots)$；

(2) $z=\ln 2+\left(2k\pi+\frac{2}{3}\pi\right)\mathrm{i}$　$(k=0,\pm1,\pm2,\cdots)$；

(3) $z=\frac{1}{2}+k\pi\mathrm{i}$　$(k=0,\pm1,\pm2,\cdots)$.

2.7 (1) $\exp(4k\pi+\pi)$ $(k=0,\pm1,\pm2,\cdots)$;

(2) $\exp\left(\sqrt{2}(2k+1)\pi i\right)$ $(k=0,\pm1,\pm2,\cdots)$.

1.11 (1) $(2k\pm\frac{1}{3})\pi i$ $(k=0,\pm1,\pm2,\cdots)$;

(2) $(2k\pm\frac{1}{2})\pi i$ $(k=0,\pm1,\pm2,\cdots)$.

习 题 三

3.1 选择题

(1) B (2) B (3) D (4) C (5) A

(6) C (7) C (8) D (9) C (10) B

3.2 填空题

(1) $1+i$; (2) $\frac{\partial u}{\partial x},\frac{\partial v}{\partial x}$可微且满足$\frac{\partial^2 u}{\partial x^2}=\frac{\partial^2 v}{\partial x\partial y},\frac{\partial^2 u}{\partial x\partial y}=-\frac{\partial^2 v}{\partial x^2}$;

(3) 1; (4) $\frac{1}{2}(y^2-x^2)+C$; (5) -3; (6) $-u(x,y)$.

3.3 (1) $z=0$ 可导;$z\neq0$ 不可导;复平面上处处不解析;

(2) 复平面上处处解析;

(3) 在直线 $x=-\frac{1}{2}$上可导,在复平面上处处不解析;

(4) 在直线 $x\pm y=0$ 上可导,在复平面上处处不解析;

(5) 在直线 $z=0$ 处可导,在复平面上处处不解析.

3.4 除 $z=\pm1$ 外复平面上处处解析,$z=\pm1$ 为奇点,$f'(z)=-\frac{2z}{(z^2-1)^2}$.

3.7 (略).

3.8 (略).

3.11 (1) $x^2-y^2-3y+c+i(2xy+3x)$; (2) ze^z; (3) $z^2+2z+ci$;

(4) $-i(1-z^2)$; (5) $\left(1-\frac{i}{2}\right)z^2+\frac{i}{2}$.

习 题 四

4.1 选择题

(1) D (2) D (3) B (4) C (5) B

(6) A　(7) C　(8) A　(9) A　(10) C

4.2　填空题

(1) 2；　(2) $10\pi i$；　(3) 0；　(4) $6\pi i$；　(5) $\frac{\pi i}{12}$；　(6) 解析.

4.3　(1) 当 $0<R<1$ 时，0；当 $1<R<2$ 时，$8\pi i$；当 $2<R<\infty$ 时，0.

(2) 0；(3) 0；(4) $2\pi ei$；(5) $\frac{2\pi i}{100!}$；(6) 0；(7) $(2-e^{i})\pi i-\frac{5\pi e^{i}}{3}$；

(8) 0.

4.6　$2\pi i$.

4.7　0.

4.9　0.

习 题 五

5.1　$f_T(t)=-\frac{j}{\pi}e^{j\omega_0 t}-\frac{j}{3\pi}e^{j3\omega_0 t}-\cdots+\frac{j}{\pi}e^{-j\omega_0 t}+\frac{j}{3\pi}e^{-j3\omega_0 t}+\cdots\ (\omega_0=\frac{2\pi}{T})$.

5.2　(1) $F(\omega)=\frac{A(1-e^{-j\omega\tau})}{j\omega}$；(2) $F(\omega)=\frac{4(\sin\omega-\omega\cos\omega)}{\omega^3}$；

(3) $F(\omega)=\frac{2(1-\cos\omega)}{j\omega}$.

5.3　(1) $F(\omega)=\frac{2\beta}{\beta^2+\omega^2}$；

(2) $F(\omega)=\frac{2\sin\omega}{\omega}$；

(3) $F(\omega)=\frac{-2j}{1-\omega^2}\sin\omega\pi$.

5.4　(1) $F(\omega)=\frac{b}{b^2-\omega^2}+\frac{\pi}{2j}[\delta(\omega-b)-\delta(\omega+b)]$；

(2) $F(\omega)=e^{-j(\omega-\omega_0)t_0}\left[\frac{1}{j(\omega-\omega_0)}+\pi\delta(\omega-\omega_0)\right]$；

(3) $F(\omega)=\frac{\pi j}{4}[\delta(\omega-3)-3\delta(\omega-1)+3\delta(\omega+1)-\delta(\omega+3)]$；

(4) $F(\omega)=\frac{\pi}{2}\left[(\sqrt{3}+j)\delta(\omega+5)+(\sqrt{3}-j)\delta(\omega-5)\right]$.

5.5　(1) $f(t)=\begin{cases}e^{-t}-e^{-2t}, & t\geqslant 0,\\ 0, & t<0;\end{cases}$

(2) $f(t)=\begin{cases}\dfrac{15}{16}e^{-5t}+\dfrac{1}{12}e^{-3t}, & t\geqslant 0,\\ \dfrac{1}{48}e^{3t}, & t<0.\end{cases}$

5.9 (1) $F(\omega)=\dfrac{j}{4}F'\left(\dfrac{\omega}{2}\right)$;

(2) $F(\omega)=-\dfrac{j}{4}F'\left(-\dfrac{\omega}{2}\right)-F\left(-\dfrac{\omega}{2}\right)$;

(3) $F(\omega)=-je^{-j\omega}\dfrac{dF(-\omega)}{d\omega}$;

(4) $F(\omega)=\dfrac{1}{2}e^{-\frac{5}{2}j\omega}F\left(\dfrac{\omega}{2}\right)$.

5.10 $1-e^{-t}$.

5.12 (1) $F(\omega)=\dfrac{\omega_0}{(a+j\omega)^2+\omega_0^2}$;

(2) $F(\omega)=\pi j\delta'(\omega-\omega_0)-\dfrac{1}{(\omega-\omega_0)^2}$.

5.13 $e^{t+1}\cos(t+1)+e^{t-1}\cos(t-1)$.

习 题 六

6.1 (1) $\dfrac{2}{s^3}$; (2) $\dfrac{1}{s+5}$; (3) $\dfrac{2}{4s^2+1}$; (4) $\dfrac{2}{s(s^2+4)}$.

6.2 (1) $\dfrac{1}{s}(3-4e^{-2s}+e^{-4s})$; (2) $\dfrac{1+e^{-\pi s}}{1+s^2}$; (3) $\dfrac{s-1}{s-2}$; (4) $\dfrac{s^2}{s^2+1}$.

6.4 (1) $\dfrac{s^2-4s+5}{(s-1)^3}$; (2) $\sqrt{\dfrac{\pi}{s-3}}$; (3) $-\dfrac{2(s+1)}{s^2+2s+2}$; (4) $\dfrac{s+4}{(s+4)^2+16}$;

(5) $\dfrac{4(s+3)}{[(s+3)^2+4]^2}$; (6) $\dfrac{2(3s^2+12s+13)}{(s^3+6s^2+13s)^2}$.

6.5 (1) $-2\text{sh}\, t$; (2) $\dfrac{\sin at}{a}$; (3) $2\cos 3t+\sin 3t$;

(4) $eu(t-5)$; (5) $\dfrac{t^3}{6e^{2t}}$; (6) $\dfrac{1}{3}(\cos t-\cos 2t)$.

6.6 (1) $f(0^+)=10, f(\infty)=4$; (2) $f(0^+)=0, f(\infty)=0$.

6.7 (1) $\dfrac{1}{6}t^3$; (2) e^t-t-1;

(3) $\begin{cases}0, & t<a,\\ \displaystyle\int_a^t f(t-\tau)d\tau, & 0\leqslant a\leqslant t;\end{cases}$ (4) $\begin{cases}f(t-a), & 0\leqslant a\leqslant t,\\ 0, & t<a.\end{cases}$

6.8 (1) $\frac{1}{a}(1-\cos at)$;(2) $\frac{t}{2a}\sin at$;

(3) $\frac{at(a-b)-b}{(a-b)^2}e^{at}+\frac{b}{(a-b)^2}e^{bt}$.

6.9 (1) $e^{2t}-t-u(t)$;(2) $\left[\frac{1}{2}+(1-e)e^{-t}+\left(\frac{e^2}{2}-1\right)e^{-2t}\right]u(t-1)$;

(3) $-\frac{1}{4}e^{-t}+\frac{3}{8}e^{t}-\frac{1}{8}e^{-3t}$;(4) $\sin t$;

(5) t^3e^{-t};(6) $\frac{1}{8}e^{t}-\frac{1}{8}(1+2t+2t^2)e^{-t}$.

6.10 (1) $\begin{cases}x(t)=u(t-1),\\ y(t)=0;\end{cases}$

(2) $\begin{cases}x(t)=\frac{2}{3}\mathrm{ch}\sqrt{2}t+\frac{1}{3}\cos t,\\ y(t)=z(t)=-\frac{1}{3}\mathrm{ch}\sqrt{2}t+\frac{1}{3}\cos t;\end{cases}$

(3) $x(t)=t, y(t)=1$;

(4) $x(t)=e^{t}, y(t)=t$.

6.11 $x(t)=\frac{k}{m}t$.

习 题 七

7.1 (1) 无极限; (2) 极限是-3; (3) 无极限.

7.2 (1) 发散; (2) 绝对收敛; (3) 条件收敛; (4) 发散.

7.3 (1) 1; (2) ∞; (3) 1; (4) 3; (5) ∞; (6) 1; (7) 1.

7.4 (1) $\frac{1}{(1-z)^2}$;(2) $\frac{\sin(z^2)}{z^4}$;(3) $\frac{1}{z^2}$.

7.5 (1) $1-z^3+z^6-\cdots \quad |z|<1$;

(2) $\sum_{n=0}^{\infty}(-2)^n z^n \quad |z|<2$;

(3) $\sum_{n=0}^{\infty}\left(\frac{1}{2^{n+1}}-\frac{1}{3^{n+1}}\right)z^n \quad |z|<2$;

(4) $1-2z^2+3z^4-4z^6+\cdots \quad |z|<1$;

(5) $-\frac{1}{2}\sum_{n=1}^{\infty}(-1)^n\frac{(2z)^n}{(2n)!} \quad |z|<+\infty$;

(6) $z-\frac{z^3}{3\times3!}+\frac{z^5}{5\times5!}-\frac{z^7}{7\times7!}+\frac{z^9}{9\times9!}-\cdots \quad |z|<+\infty$.

7.7 (1) $\ln(-3+2i)-\frac{z-2i}{3-2i}-\frac{(z-2i)^2}{2(3-2i)^2}-\cdots \quad |z-2i|<1$;

(2) $\frac{1}{25}-\frac{6}{(25)^2}(z-3)-\frac{11}{(25)^3}(z-3)^2-\cdots \quad |z-3|<5$.

7.8 (1) $\sum_{n=0}^{\infty}\frac{(-1)^{n+1}}{(2n+1)!}(z-\frac{\pi}{2})^{2n+1} \quad |z|<+\infty$;

(2) $\sum_{n=0}^{\infty}(-1)^n(n+1)(z-1)^n \quad |z-1|<1$;

(3) $\sum_{n=0}^{\infty}\frac{3^n}{(1-3i)^{n+1}}[z-(1+i)]^n \quad |z-(1+i)|<\frac{\sqrt{10}}{3}$.

7.9 $\sin z=\sum_{n=0}^{\infty}(-1)^{n+1}\frac{1}{(2n+1)!}(z+\pi)^{2n+1} \quad |z-\pi|<+\infty$.

7.10 $\sin z^2=\sum_{n=0}^{\infty}(-1)^n\frac{z^{4n+2}}{(2n+1)!} \quad |z|<+\infty$.

7.12 $\sum_{n=0}^{\infty}(-1)^n z^{-(n+1)} \quad |z|>1$.

7.13 (1) $\frac{1}{z^2}-2\sum_{n=0}^{\infty}z^{n-2} \quad 0<|z|<1$;

(2) $\sum_{n=0}^{\infty}(-1)^n z^{2n-1} \quad 0<|z|<1$;

$\sum_{n=1}^{\infty}(-i)^n\frac{1}{(z-i)^{n+1}}+\sum_{n=0}^{\infty}i^n\frac{(z-i)^{n-1}}{2^{n+1}} \quad 1<|z-i|<2$.

7.14 在 $0<|z-1|<1$ 内, $f(z)=-\sum_{n=0}^{\infty}(z-1)^{n-1}$;

在 $1<|z-1|<+\infty$ 内, $f(z)=\sum_{n=0}^{\infty}\frac{1}{(z-1)^{n+2}}$.

7.15 $f(z)=\sum_{n=0}^{\infty}(-1)^n(n+1)\frac{(z-i)^{n-2}}{(2i)^{n+2}} \quad 0<|z-i|<2$.

7.16 $f(z)=\frac{1}{5}\sum_{n=0}^{\infty}[(-2)^n-\frac{1}{2^n}]z^n \quad |z|<\frac{1}{2}$;

$f(z)=\frac{1}{5}\sum_{n=1}^{\infty}\frac{(-1)^{n+1}}{2^n}\frac{1}{z^n}-\frac{1}{5}\sum_{n=0}^{\infty}\frac{z^n}{2^n} \quad \frac{1}{2}<|z|<2$;

$f(z)=\frac{1}{5}\sum_{n=1}^{\infty}[2^n-\frac{(-1)^n}{2^n}]\frac{1}{z^n} \quad 2<|z|<+\infty$.

习 题 八

8.1 填空题

(1) 2； (2) 一； (3) $\frac{1}{4}$； (4) $\frac{e^{-1}-e}{2}$； (5) 0.

8.2 选择题

(1) B (2) C (3) A (4) A (5) D

8.3 计算题

(1) ① $\mathrm{Res}[f(z),0]=-\frac{4}{3}$；

② $\mathrm{Res}[f(z),2]=\frac{128}{25}$，$\mathrm{Res}[f(z),\mathrm{i}]=\frac{2+\mathrm{i}}{10}$，$\mathrm{Res}[f(z),-\mathrm{i}]=\frac{2-\mathrm{i}}{10}$；

③ $\mathrm{Res}[f(z),0]=-\frac{1}{6}$.

(2) ① $\oint_{|z|=2}\frac{e^{2z}}{(z-1)^2}dz = 2\pi i\mathrm{Res}[f(z),1]$

$$= 2\pi i\lim_{z\to 1}\left[(z-1)^2\frac{e^{2z}}{(z-1)^2}\right]' = 4\pi i e^2；$$

② $\oint_{|z|=2}\frac{z}{z^4-1}dz = -2\pi i\mathrm{Res}[f(z),\infty]$

$$= 2\pi i\mathrm{Res}\left[f\left(\frac{1}{z}\right)\frac{1}{z^2},0\right] = 2\pi i\mathrm{Res}\left[\frac{z}{1-z^4},0\right] = 0；$$

③ $\oint_{|z|=\frac{1}{2}}\frac{\sin z}{z(1-e^z)}dz = 2\pi i\mathrm{Res}[f(z),0]$

$$= 2\pi i\lim_{z\to 0}\frac{\sin z}{1-e^z} = 2\pi i\lim_{z\to 0}\frac{\cos z}{-e^z} = -2\pi i.$$

(3) ① $\int_0^{\pi}\frac{d\theta}{(a+\cos\theta)^2} = \frac{a\pi}{(a^2-1)^{\frac{3}{2}}}$；

② $\int_0^{\frac{\pi}{2}}\frac{2}{2-\cos 2x}dx = \frac{\pi}{\sqrt{3}}$；

③ $\int_0^{+\infty}\frac{\cos mx}{1+x^2}dx = \frac{1}{2}\pi e^{-m}$.

(4) ① $f(t)=\frac{1}{a}(1-e^{at})$；

② $f(t)=3\cos 3t+\frac{5}{3}\sin 3t$；

③ $f(t)=e^t-e^{-t}-2t$.

参 考 文 献

[1] RUEL V CHURCHILL, JAMES WARD BROWN. Complex Variables and Applications[M]. Fifth Edition. New York: McGraw-Hill Book Company, 1995.

[2] 白艳萍,雷英杰,杨明. 复变函数与积分变换[M]. 北京:国防工业出版社,2004.

[3] 盖云英,包革军. 复变函数与积分变换[M]. 北京:科学出版社,2001.

[4] 郭洪芝. 复变函数[M]. 天津:天津大学出版社,1996.

[5] 雷晓燕. 轨道结构动力分析的傅立叶变换法[J]. 铁道学报,2007,29(3):67-71.

[6] 雷晓燕. 轨道力学与工程新方法[M]. 北京:中国铁道出版社,2002.

[7] 李红,谢松法. 复变函数与积分变换[M]. 北京:高等教育出版社,2008.

[8] 梁昌洪. 复变函数札记[M]. 北京:科学出版社,2011.

[9] 刘子瑞,徐忠昌. 复变函数与积分变换[M]. 北京:科学出版社,2011.

[10] 路可见,钟寿国,刘世强. 复变函数[M]. 武昌:武汉大学出版社,1993.

[11] 南京工学院数学教研室. 积分变换[M]. 北京:高等教育出版社,1989.

[12] 宋东辉. 拉普拉斯变换在弹性地基梁静力分析中的应用[J]. 广东水电科技,1996(1):37-41.

[13] 苏变萍,陈东立. 复变函数与积分变换[M]. 北京:高等教育出版社,2003.

[14] 王以忠,吕林燕,张相虎,等. 应用复变函数与积变换[M]. 徐州:中国矿业大学出版社,2014.

[15] 徐天成,谷亚林,钱玲. 信号与系统[M]. 3 版. 北京:电子工业出版社,2008.

[16] 杨降龙,杨帆. 复变函数与积分变换[M]. 北京:科学出版社,2011.

[17] 钟玉泉. 复变函数论[M]. 北京:人民教育出版社,1979.